|과학|

3학년 1학기 지구의 모습

5학년 1학기 태양계와 별

6학년 1학기 지구와 달의 운동

6학년 1학기 여러 가지 기체

6학년 2학기 에너지와 생활

|사회|

3학년 1학기 교통과 통신 수단의 변화

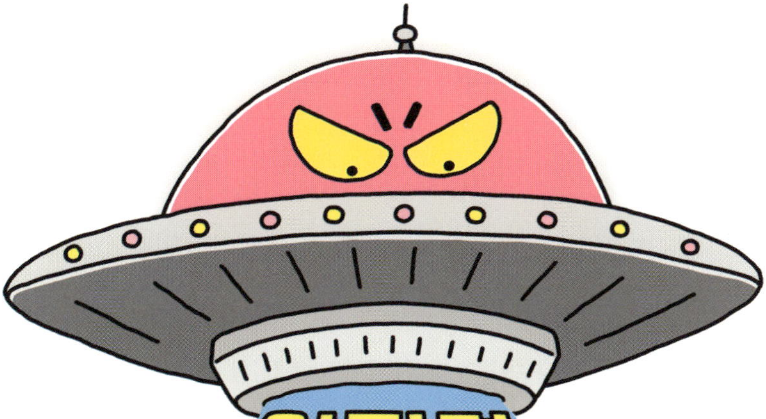

어쩌면 우주전쟁이 일어날지도 몰라

황도순 지음　**김잔디** 그림

찰리북

추천의 글

이 책은 우리가 살고 있는 태양계와 지구 탄생에 대한 비밀을 시작으로, 외계인이 있을지도 모르는 미지의 우주로 나아가 여행을 하고픈 마음을 불러일으킵니다. 이를 위해 인류의 우주 탐사 역사를 흥미롭게 설명하며, 인간이 쏘아올린 수많은 인공위성의 활약상을 재미있게 이야기하고 있죠. 대한민국 최초 달 탐사선 다누리호와 한국형 발사체 누리호의 발사 성공으로 우리나라도 우주 선진국 대열에 합류했습니다. 이 책을 통해 우주개발과 탐사, 그리고 우주여행에 꿈을 가진 어린이들이 더 큰 우주로 나아가기를 바랍니다.

오승협(한국항공우주연구원 책임연구원, 나로호 및 누리호 개발 전문가)

그동안 우주 관련 책은 많았으나 지구 궤도에 집중해 전문적인 내용을 쉽게 풀어내고 인공위성, 우주발사체, 우주쓰레기 문제까지 다룬 책은 거의 찾아볼 수 없었습니다. 이 책에서는 우리나라 우주 전문가 1세대인 저자가 꼭 알아야 할 우주 이야기를 알기 쉬운 말로 전달합니다. 학생에게는 우주 전문가의 꿈을 꾸게 하고, 일반인에게는 부쩍 가까이 다가온 우주 시대에 도움이 되는 내용들로 꾸며져 있죠. 일단 첫 장을 넘기면 끝까지 읽지 않고는 못 견디는 흥미진진한 이야기들이 펼쳐집니다!

김정수(국립부경대학교 교수, 전 한국추진공학회 회장)

이 책은 30년 넘게 인공위성 개발 실무자와 책임자로 일한 저자의 경험을 바탕으로 하고 있습니다. 우주 분야 전문가로서 인공위성과 우주 분야를 일반인에게 꾸준히 알려 온 저자는 이 책에서도 딱딱한 전문 지식을 부담 없는 소재를 곁들여 재미있게 풀어 나가고 있습니다. 또한 자칫 이질적일 수 있는 소재들을 적절한 흐름을 통해 스토리텔링으로 들려주고 있죠. 우주 분야의 과거와 현재를 알려 줄 뿐만 아니라 미래에 직면할 문제까지 다루어서 우주에 대한 흥미를 불러일으키고 우주 분야의 상식을 넓혀 줄 것입니다.

성홍계(한국항공대학교 교수, 항공우주 추진기관 전문가)

이제 우주는 어느 특정 분야나 계층을 벗어나 어린이부터 성인에 이르기까지 다양한 호기심과 지적 탐구심을 불러일으키고 있습니다. 특히 인공위성은 음료수 캔 크기로 제작되어 우주에서 연구와 과학실험용으로 쓰이고 있고, 그에 따라 많은 사람이 관심을 보이고 있습니다. 이처럼 기술 발전에 따라 인공위성은 점점 작아지고 용도와 모양도 다양해지고 있죠. 이 책에서는 우주의 역사부터 현재와 미래의 우주개발 모습까지 삽화와 사진을 통해 쉽게 소개하고 있습니다. 좀 더 깊은 전문 지식을 원하는 사람에게도 많은 도움이 될 것입니다.

채장수(KAIST 연구교수, 차세대소형위성 1호 연구책임자)

들어가는 글

드넓은 우주로!

망원경이 없던 시절부터 우리 조상들은 밤하늘을 보며 별들이 펼쳐져 있는 우주를 동경해 왔습니다. 인류는 허블 우주 망원경에 이어 제임스웹 우주 망원경을 우주에 띄우고 많은 것을 알아내고 있지요.

우주개발은 통신방송을 비롯해 지상관측, 기상관측, 우주관측, 위치정보 제공 등 인류의 삶을 풍요롭게 해 주었습니다. 그리고 최근에는 새로운 경쟁과 경제활동의 장이 되어 가고 있죠. 우주 공간은 그 누구의 것도 아니라는 생각으로 우주를 평화롭게 이용하던 때는 벌써 옛날이야기가 되었습니다. 전 세계 우주강국들은 우주개발로 새로운 기술, 영토, 자원을 얻기 위해 질주하고 있습니다. 누가 먼저 우주자원을 확보할지, 누가 먼저 달이나 화성에 우주 기지를 세울지를 두고 경쟁하고 있죠. 우리나라도 그 경쟁의 한가운데 서 있습니다. 우리나라 우주기술은 나로호와 누리호 발사체 개발, 아리랑위성과 천리안위성 개발, 달 탐사선 다누리호 개발 등을 통해 세계적인 수준에 도달해 있습니다.

우주기술이 빠른 속도로 발전하고 있지만 아직까지는 해결하지 못한 궁금증이 많이 남아 있습니다. 한 예로 소행성 충돌이 있지요. 소행성 충돌은 자칫하면 지구가 파괴될 수 있을 만큼 매우 위험합니다. 소행성을 관측해 지구 충돌을 피할 수 있도록 다양한 방법을 연구하고 있지만 지구를 향해 날아오고 있는 수많은 소행성을 모두 파악하지는 못하고 있죠.

또한 최근에는 우주개발의 문제점이 크게 떠오르고 있습니다. 대표적인 것이 우주쓰레기이지요. 우주개발에 따라 발생한 우주쓰레기는 이미 적정량을 넘어 섰습니다. 너도나도 띄운 인공위성이 1만 기가 훌쩍 넘는데 혹시 지구 주위에서 교통사고가 날 수도 있지 않을까요? 또 수명이 다한 인공위성은 어떻게 재활용 할 수 있을까요?

우주기술을 이용한 우주전쟁도 조용히 진행 중입니다. 로켓은 미사일로 진화했고, 인공위성으로 각종 군사 정보를 얻고 있죠. 우주강국들은 앞으로 닥쳐올지 모를 우주전쟁에서 우위를 차지하기 위해 더욱 많은 노력을 기울이고 있습니다. 더 빠른 미사일, 유사시 인공위성을 무력화하는 기술, 우주 공간에서 지상을 향한 공격 등으로부터 인류는 과연 안전할 수 있을까요? 전 세계 우주강국의 이목이 우주에 쏠려 있지만, 우리가 태어나고 살아온 지구가 인류에게 가장 알맞은 곳이라는 사실을 잊지 말아야 합니다. 공기와 물, 다양한 생명체가 함께하는 지구를 떠나 아무것도 없는 곳에서 인류가 과연 살아남을 수 있을까요?

우주개발과 아울러 환경오염으로부터 지구를 살려 후손에게 잘 물려줄 수 있도록 노력해야 할 때입니다. 우주기술을 통해 소행성 충돌을 막아 내고 환경위기도 극복한다면 더 나은 미래가 펼쳐지지 않을까요? 이 책이 우주에 관한 궁금증을 해결해 주는 동시에 지구와 인류의 안전에 대해 더 많은 관심을 불러일으키기를 바랍니다.

황도순

차례

추천의 글 • 4
들어가는 글 • 6

1장 소행성이 지구에 떨어질 수도 있다니!

우주와 태양계는 어떻게 생겨났을까? • 12
소행성과 충돌하면 어떤 일이 일어날까? • 16
한계를 뛰어넘는 소행성 연구 • 20
우주 망원경은 왜 지구 멀리 떠 있을까? • 26
★별별 우주 상식① 우리가 지은 우리말 별 이름 • 31
★별별 우주 상식② 우리나라 역사책에 기록된 천문 현상 • 32

2장 우주여행에서 외계인을 만날 수 있을까?

외계 생명체를 찾아라! • 36
우주비행사는 정말 대단해! • 44
우주로 한번 여행을 떠나 볼까? • 50
★별별 우주 상식③ 우주에서 더욱 필요한 3D 프린터 • 55
★별별 우주 상식④ 위험천만한 우주비행과 안타까운 희생 • 56

3장 아는 만큼 보이는 인공위성과 우주기술

지구 주위는 인공위성으로 가득해! • 60
하나부터 열까지 다른 인공위성 부품들 • 67
특별한 곳에서만 발사할 수 있는 인공위성 • 72
★별별 우주 상식⑤ 우리 주변에 숨어 있는 우주기술 • 77
★별별 우주 상식⑥ 인공위성도 사람처럼 보험을 든다 • 79

4장 이건 몰랐지? 인공위성의 비밀

인공위성과 발사체가 환경오염을 일으킨다고? • 82
수명이 다한 인공위성은 어떻게 될까? • 87
인공위성의 수명을 늘릴 수 있다면 • 91
인공위성, 꽤나 예술적인걸? • 94
★별별 우주 상식⑦ 안타까운 인공위성 사고들 • 99

5장 지구를 떠나 우주에서 살아간다면

탐사하고 또 탐사하고, 달이 중요한 이유 • 102
영화 속 우주 기지가 현실이 된다! • 108
달의 땅을 사고팔 수 있을까? • 112
화성의 환경을 지구처럼 만들 수 있을까? • 116
★별별 우주 상식⑧ 사소한 실수로 잃고만 우주탐사선들 • 121

6장 미래에 진짜 우주전쟁이 일어날까?

전쟁이 일어나면 더욱 중요해지는 인공위성 • 124
하늘 높은 곳에서 지상을 공격하는 미사일 • 130
골치 아픈 우주쓰레기, 어떻게 치울 수 있을까? • 134
★별별 우주 상식⑨ 우주에도 바이러스가 있을까? • 137
★별별 우주 상식⑩ 지구 밖 행성도 보호해야 하는 이유 • 138

찾아보기 • 141

1장
소행성이 지구에 떨어질 수도 있다니!

드넓은 우주에는 우리가 살고 있는 지구가 속한 태양계가 있지요. 태양계는 별인 태양과 8개의 행성, 그리고 수많은 소행성과 혜성들로 이루어져 있습니다. 그중 소행성은 화성과 목성 사이를 돌아다니는 아주 작은 행성이죠. 그런데 어떤 소행성은 지구에 떨어질 수도 있어요! 만약 지구가 소행성과 충돌하면 어떻게 될까요?

우주와 태양계는 어떻게 생겨났을까?

우주는 나이가 엄청 많아!

지구에 대해 알아볼까요? 다들 알다시피 우주는 빅뱅으로 탄생했어요. 빅뱅이 막 일어났을 때 우주는 매우 작고, 밀도와 온도는 매우 높았답니다. 빅뱅은 아주 작은 점에서 생겨난 대폭발을 말해요. 그렇다면 우주의 나이는 어떻게 알게 되었을까요?

1964년 전파망원경에 정체를 알 수 없는 잡음이 기록되었어요. 과학자들이 분석해 보니 '우주배경복사'였죠! 빅뱅 당시에는 빛 입자의 파장이 매우 짧아서 멀리 가지 못했습니다. 하지만 우주가 점점 팽창하면서 빛의 파장이 길어지고 전파가 된 것이죠. 이를 통해 우주의 나이는 약 138억 년이라는 걸 알 수 있었죠. 우주의 크기만 해도 400억 광년이 넘는

> **Tip**
>
> **광년이란?**
>
> '광년'은 주로 천체와 천체 사이의 거리를 나타내는 단위입니다. 빛은 1초 동안 30만 킬로미터를 날아가요. 1광년은 빛이 1년 동안 나아가는 거리를 뜻하며, '9조 4,608억 킬로미터'라고 할 수 있죠.

▲ 팽창하는 우주
빅뱅이 일어나고 우주는 점점 커져 갔어요. 태양계는 빅뱅 이후 90억 년 후에 생겨났죠.
출처: NASA

다고 하니 대단하지 않나요?

과학자들이 관측해 본 결과 우주는 점점 빠르게 팽창하고 있어요. 우주 끝에서는 무려 초속 30만 킬로미터인 빛의 속도보다 훨씬 빠르게 팽창하고 있답니다. 또한 우주에는 바닷가 모래알보다 몇 배나 많은 별이 있어요! 이토록 별이 많지만 밤하늘이 어두운 건 우주가 점점 커지면서 별들이 빠른 속도로 지구로부터 멀어지기 때문이라고 하네요.

수많은 천체로 가득한 태양계

태양계 또한 빅뱅 이후 우주가 팽창하면서 생겨났어요. 태양계는 태양을 중심으로 공전하고 있는 천체들로 이루어져 있답니다. 태양계에는 수성, 금성, 지구, 화성, 목성, 토성, 천왕성, 해왕성 이렇게 8개 행

13

▲ 목성과 천왕성, 해왕성 고리
토성과 유사하게 세 행성도 고리를 가지고 있지만 어둡고 희미해서 그림에는 표시하지 않았답니다.

성이 있죠.

당연히 태양계에는 8개 행성 말고도 많은 천체가 있답니다. 태양계의 가장 바깥 행성인 해왕성 밖에는 '카이퍼 벨트'라는 영역이 있고, 그곳에 수십만 개의 소행성이 있어요. 지금은 왜소행성으로 불리는 명왕성도 카이퍼 벨트 안에 있답니다.

또한 태양계 끝에는 '오르트 구름'이라는 곳이 있는데, 여기서부터 먼지와 얼음덩어리로 이루어진 혜성이 날아온다고 해요. 긴 타원궤도를 그리며 태양을 공전하는 혜성들은 태양 가까이에 올수록 온도가 높아지면서 수십 킬로미터에 달하는 긴 꼬리를

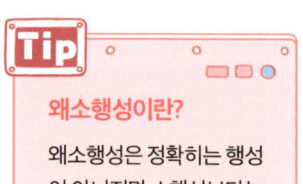

Tip

왜소행성이란?

왜소행성은 정확히는 행성이 아니지만 소행성보다는 행성에 가까운 천체를 말해요. 태양계의 9번째 행성이었던 명왕성은 2009년 행성에서 퇴출되었습니다. 다른 행성과 달리 매우 찌그러진 타원궤도로 공전하고 있으며 주위 천체들에 충분한 영향력을 주지 못하기 때문이에요.

▲ **태양계의 구조**
태양계에는 태양과 8개 행성 말고도 많은 천체가 있답니다.

갖게 됩니다. 대표적인 혜성이 약 76년마다 나타나는 핼리혜성이에요.

   소행성은 행성이 되지 못한 잔해를 말해요. 화성과 목성 사이에 소행성들이 많이 모여 있는 '소행성대'가 있죠. 그렇다면 인류가 최초로 발견한 소행성은 무엇일까요? 바로 1801년에 이탈리아 팔레르모 천문대에서 천문학자 피아치가 발견한 '케레스'입니다. 이 케레스는 화성과 목성 사이를 돌고 있죠.

   소행성들은 태양을 중심으로 공전하지만 간혹 타원궤도가 길어서 태양이나 지구에 가까워지는 소행성도 있고, 천왕성 궤도까지 멀어지는 소행성도 나타나곤 해요. 그래서 과학자들이 소행성을 꾸준히 관측하고 있답니다. 지구 근처에 접근해서 지구와 충돌할지도 모르는 소행성이라니 무시무시하네요!

소행성과 충돌하면 어떤 일이 일어날까?

지구와 충돌했던 소행성들

지구에 떨어지는 혜성이나 소행성 부스러기를 '운석'이라고 해요. 지금도 운석은 지구에 계속해서 떨어지고 있습니다. 대부분은 그리 크지 않지만, 100년에 한 번꼴로 50~100미터 크기의 소행성이 지구와 충돌한다고 하네요.

가장 가까운 예를 들자면 1908년에 러시아 시베리아 지역의 퉁구스카라는 곳에 50미터 지름의 소행성이 떨어졌습니다. 충돌 때문에 서울의 3배가 넘는 약 2,000제곱킬로미터가 초토화되었죠.

훨씬 먼 과거로 떠나 볼까요? 많은 과학자가 공룡이 멸종한 이유로 소행성 충돌을 이야기하고 있어요. 멕시코 유카탄반도 근처에서 약 170제곱킬로

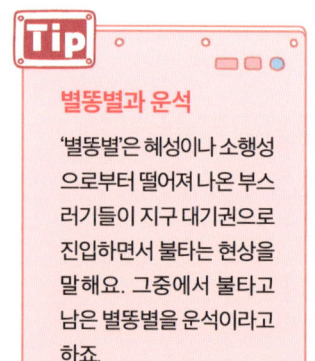

Tip

별똥별과 운석

'별똥별'은 혜성이나 소행성으로부터 떨어져 나온 부스러기들이 지구 대기권으로 진입하면서 불타는 현상을 말해요. 그중에서 불타고 남은 별똥별을 운석이라고 하죠.

미터 크기의 구멍이 발견되었거든요. 약 6,500만 년 전 이곳에 소행성이 충돌하면서 지구에 빙하기가 찾아왔고, 그래서 공룡이 멸종된 것으로 추정하고 있답니다. 그때 충돌한 소행성은 지름이 무려 10킬로미터 정도였다고 해요.

▲ 유카탄반도
유카탄반도는 마야 문명이 번성한 곳으로도 유명해요.

지구 역사에서 비교적 최근인 1만 3,000년 전에는 4킬로미터 크기의 혜성이 북아메리카 지역에서 폭발했다고 해요. 그 때문에 지구 기온이 급격하게 떨어져서 매머드가 멸종되었다고 추정한답니다.

2029년에 어마어마한 소행성이 온다고?

그렇다면 운석이 충돌할 때마다 큰 피해가 나는 걸까요? 그건 소행성 크기에 달려 있습니다.

20미터 크기의 소행성은 도시 1곳을 파괴할 수 있고, 100미터 크기의 소행성은 2,000제곱킬로미터가 훨씬 넘는 면적을 황폐화할 수 있습니다. 제주도 크기가 약 1,850제곱킬로미터이니 엄청나죠. 또한

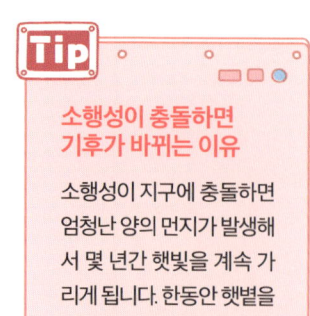

Tip

소행성이 충돌하면 기후가 바뀌는 이유

소행성이 지구에 충돌하면 엄청난 양의 먼지가 발생해서 몇 년간 햇빛을 계속 가리게 됩니다. 한동안 햇볕을 받지 못하니 지구 전체의 기후가 바뀌게 되지요.

300미터 크기의 소행성은 대륙 1개를 파괴시킬 수 있으며, 1킬로미터 크기의 소행성은 지구 전체의 기후를 바꿀 수 있다고 합니다.

그런데 커다란 소행성이 지구 근처를 지나갈 수도 있대요. 325미터 지름의 '아포피스'라는 소행성이죠. 이 소행성은 2029년 4월 13일에 지구 근처를 아주 가까이 통과한다고 합니다. 정확히 말하자면 3만 2,000킬로미터 거리에서 지나갈 예정이지요. 통신위성이 고도 3만 6,000킬로미터에서 돌고 있다는 걸 생각해 보면 거의 지구 근처를 지나가는 것과 다름없습니다. 이 정도 크기의 소행성이 지구에 충돌하면 히로시마 원자폭탄의 10만 배에 달하는 피해를 입을 수 있다고 해요.

▼ 소행성 아포피스의 궤도
249미터 높이의 63빌딩보다 큰 소행성이 지구 근처를 지나갈 수 있대요.
출처: 한국천문연구원

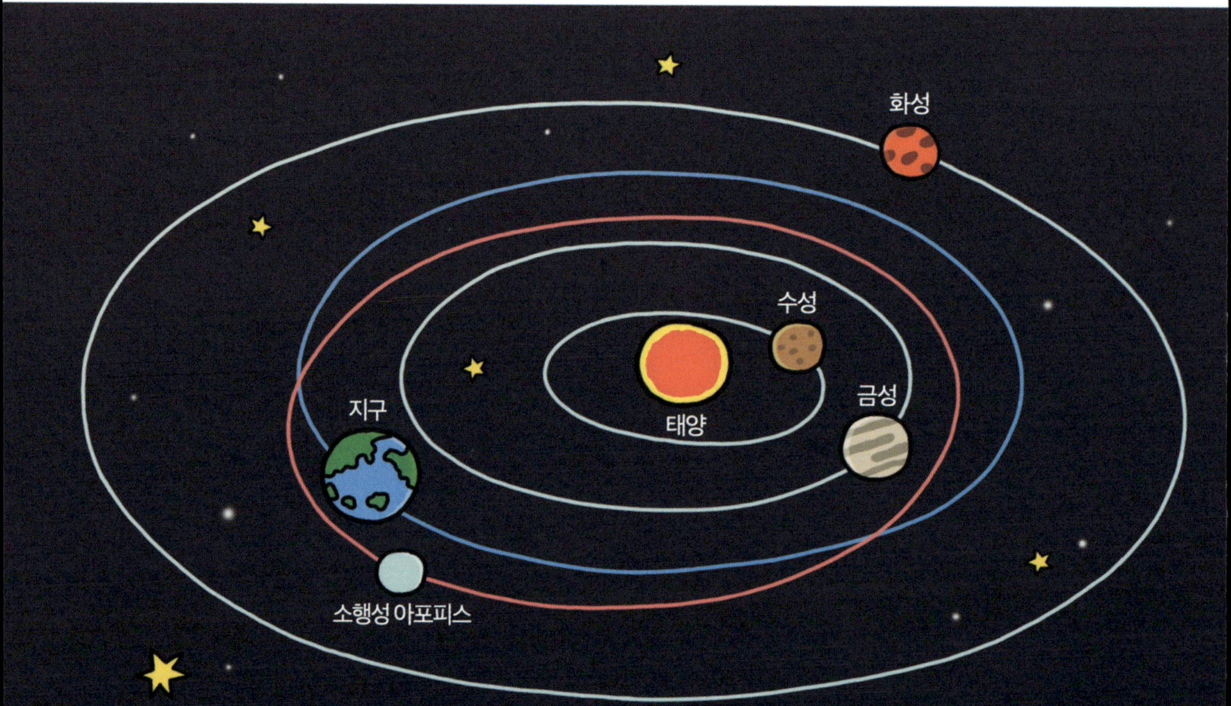

우리는 소행성의 위협을 없앨 수 있을까요? 소행성의 지구 충돌을 막기 위해 많은 과학자가 아이디어를 내놓았어요. 먼저 SF영화처럼 소행성에 구멍을 뚫어 폭파시키는 방법이 있습니다. 하지만 소행성의 궤도가 크게 바뀌지 않고, 지구로 떨어지는 소행성 파편을 모두 제거할 수 없을 거라고 하네요.

소행성의 궤도를 바꾸는 방법도 있어요. 소행성의 약 20미터 앞에서 매우 큰 폭발을 일으켜서 소행성의 궤도를 바꾸는 것이죠! 또, 소행성 앞면에 여러 개의 위성을 궤도에 따라 설치해서 인공위성의 추진력으로 소행성의 궤도를 바꾸는 아이디어도 있답니다. 아직은 모두 실제로 가능한지 연구해 봐야 하지만요.

소행성 아포피스는 2036년 4월 13일에 지구 근처에 또 올 수도 있다고 해요! 이때는 지구와 충돌할 확률이 매우 높다고 합니다. 이 때문에 전 세계 과학자들이 소행성을 꾸준히 감시하고 다양한 방법을 연구하고 있죠. 한번 살펴볼까요?

한계를 뛰어넘는 소행성 연구

소행성을 감시하는 과학자들

　소행성을 감시하는 대표 기관은 미국항공우주국(나사)에 있는 행성방위조정실이에요. 여기서는 지구 환경에 큰 피해를 줄 수 있는 소행성들을 감시하고 있죠. 이런 소행성들을 '지구근접소행성'이라고 합니다. 태양계에 있는 수억 개의 소행성 중에 크기가 30미터가 넘고, 지구로부터 약 800만 킬로미터 안에 들어올 수 있는 것들을 말하죠.

　미국항공우주국은 지구근접소행성을 찾아내기 위해 지구 북반구와 남반구의 하늘을 24시간 감시할 수 있는 망원경을 설치했어요. 먼저 북반구 하늘은 2017년부터 하와이의 할레아칼라 화산과 마우나로아 화산 정상에 있는 망원경으로 감시하고 있죠. 남반구 하늘은 2022년부터 남아프리카 공화국의 서덜랜드 천문대와 칠레의 엘소스 천문대에 설치한 망원경으로 감시하고 있답니다.

▲ 마우나케아 천문대
하와이 마우나로아 화산 정상에는 마우나케아 천문대가 있어요.
출처: NASA/JPL

　이 4대의 망원경으로 달보다 가깝게 접근하는 소행성을 관측할 수 있어요. 20미터 크기의 소행성은 하루 전에, 100미터 크기의 소행성은 적어도 3주 전에 찾아낼 수 있죠. 이렇게 소행성을 찾으면 미국항공우주국은 궤도를 알아보고 소행성의 크기, 지구 접근 가능성 등을 분석해 경고하고 있답니다.

소행성을 실제로 충돌시킨 적이 있다?

　이처럼 소행성의 지구 충돌을 막기 위해 우주를 관측하는 한편, 다른 곳에서는 다양한 해결 방법을 연구하고 있습니다. 앞서 살펴본 방법 중에 소행성의 궤도를 바꾸는 것이 있다고 했죠? 이처럼 소행성의 궤도를 실제로 바꾸려 실험했던 이야기를 들려줄게요.

2021년 11월 24일에 미국항공우주국은 780미터 크기의 소행성인 '디디모스'에 실험위성인 '다트'를 발사했어요. 지구 충돌 가능성이 있는 소행성의 궤도를 바꿀 수 있을지 실험해 보는 것이었죠. 다트는 2022년 9월 27일에 태양 주위를 770일 주기로 공전하는 디디모스에 도착했습니다.

다트는 디디모스의 위성인 디모르포스에 정확히 충돌했어요. 디모르포스는 크기가 160미터이고, 1.18킬로미터의 거리에서 11.9시간의 주기로 공전하는 위성입니다. 충돌할 때 다트의 무게는 570킬로그램이고, 충돌 속도는 초속 6.25킬로미터였죠.

▼ 디모르포스 충돌 실험
충돌을 위한 다트 위성부터, 촬영을 위한 리시아큐브 위성까지 여러 위성이 동원된 큰 임무였죠.
출처: NASA

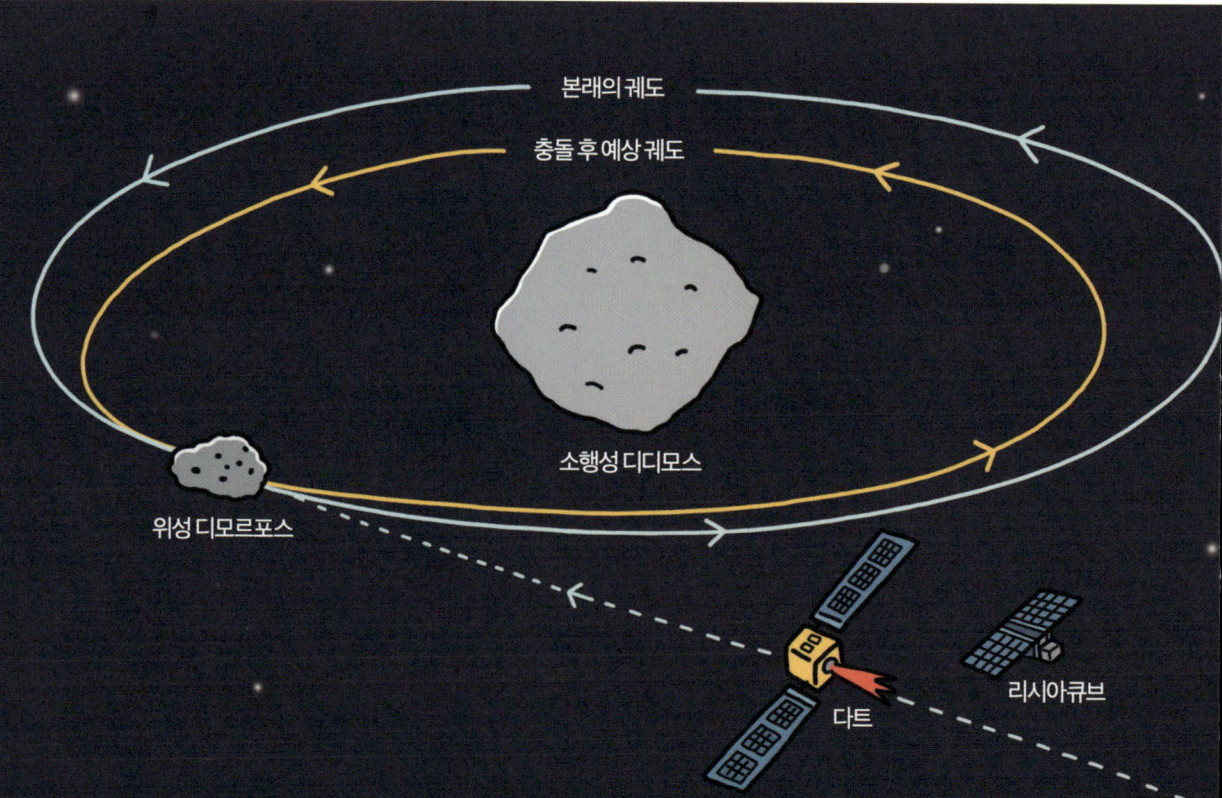

▲ 리시아큐브가 촬영한 다트와 소행성의 충돌
다트와 충돌한 디모르포스 표면에서 먼지 구름이 일어났다고 해요.
출처: ASI/NASA

과학자들의 원래 목표는 초속 6.6킬로미터로 충돌시켜서 공전 속도를 1퍼센트, 공전 주기는 73초 줄이는 것이었어요. 그러면 공전 반경이 줄어들고 약 100톤에 이르는 암석이 부서져 흩어지면서 약 10미터 폭의 충돌구(충돌로 움푹 파인 구멍)가 생길 것으로 예상했죠. 실제로 충돌시켜 보니 공전 주기가 30분 이상 줄어들었다고 해요!

다트와 소행성 디모르포스가 충돌한 모습은 어떻게 알 수 있었을까요? 그건 바로 초소형 인공위성인 '리시아큐브' 덕분이었어요. 충돌 지역을 촬영하기 위해 다트에 리시아큐브가 실려 있었거든요. 리

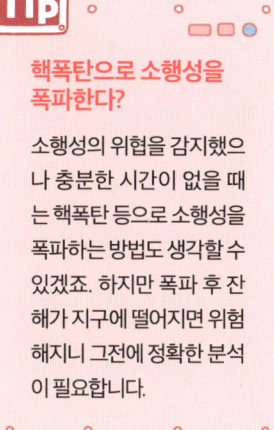

Tip

핵폭탄으로 소행성을 폭파한다?

소행성의 위협을 감지했으나 충분한 시간이 없을 때는 핵폭탄 등으로 소행성을 폭파하는 방법도 생각할 수 있겠죠. 하지만 폭파 후 잔해가 지구에 떨어지면 위험해지니 그전에 정확한 분석이 필요합니다.

시아큐브는 충돌 15일 전에 분리되어 디모르포스로부터 약 55킬로미터까지 접근한 뒤 영상을 촬영했습니다.

지상에 있는 망원경을 통해서도 실험 결과를 확인했어요. 디디모스 앞을 지나는 디모르포스의 빛을 관측해서 분석한 것이죠. 또한 머지않아 충돌 실험 결과를 명확히 평가하기 위해 '헤라'라는 우주 탐사선을 보내 관측할 예정입니다.

이 충돌 실험은 소행성의 궤도를 약간 바꿨을 뿐이라 지구에는 별다른 영향이 없을 거라고 예상하고 있어요. 지구로 향하는 소행성의 위협을 제거할 수 있는 방법이긴 하지만, 이러한 임무를 수행할 우주선 개발에 최소 5년 넘게 걸린다고 합니다. 앞으로 많은 연구가 필요하겠네요.

소행성이 돈이 된다니!

지구에 위협이 되는 소행성은 당연히 꾸준히 관측해야 하지만, 탐사 목적으로도 소행성을 연구하고 있어요. 처음에는 소행성을 탐사해서 생명체, 그러니까 유기물의 존재를 찾으려고 했습니다. 인류가 살고 있는 지구, 인류가 탐험한 달, 그리고 이미 탐사된 일부 태양계 행성을 제외한 천체로부터 말이죠! 그러면 인류의 기원에 대한 답도 얻을 수 있을 테니까요.

지금도 그러한 이유로 소행성을 탐사하긴 하지만, 여기에 경제적인

이유가 더해졌습니다. 소행성은 태양계가 생겨나고 나서 남은 잔해인데, 이 소행성에 중금속을 비롯해 희귀한 광물이 많이 있다고 알려져 있거든요.

실제로 '백금 소행성'이 관측되기도 했어요. 2015년 7월에 지구 근처를 통과한 소행성 '2011 UW-158'입니다. 추정하기로는 이 소행성에 매우 많은 백금이 매장되어 있다고 하네요.

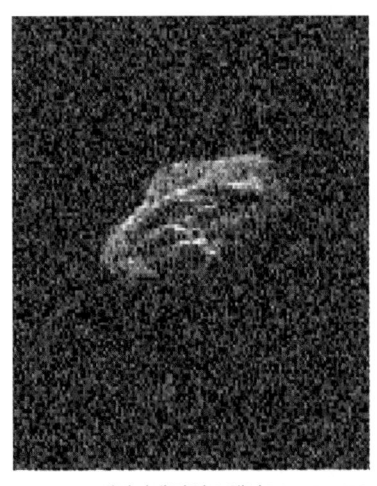

▲ 레이더에 잡힌 소행성 2011 UW-158 백금 소행성이라고 불리며 큰 화제를 모았답니다.
출처: NASA/JPL-Caltech/NRAO

이처럼 이런저런 이유로 너도나도 소행성 탐사를 준비하고 있어요. 소행성 탐사는 누가 먼저 도착하느냐가 매우 중요해요. 그래서 기업과 국가들이 앞다투어 탐사를 계획하고 있죠. 미국 벤처기업들을 예로 들자면, 먼저 딥스페이스사에서 '프로스펙터'라는 우주 탐사선을 개발하고 있어요. 우주에서 소행성 탐사, 채굴, 가공까지 다 하는 게 목표라고 합니다. 또한 플래니터리 리소시스라는 회사는 2022년부터 우주에서 희토류를 채굴하는 프로젝트를 진행하고 있어요.

물론 짧은 시간에 성과를 내긴 어렵겠지만, 탐사를 먼저 시작해서 기술을 개발한다면 앞장서서 경제적 효과를 거둘 수 있을 거예요. 우리나라도 같은 출발선에 서서 얼른 탐사를 시작해야 우주 시대에 앞장설 수 있을 겁니다.

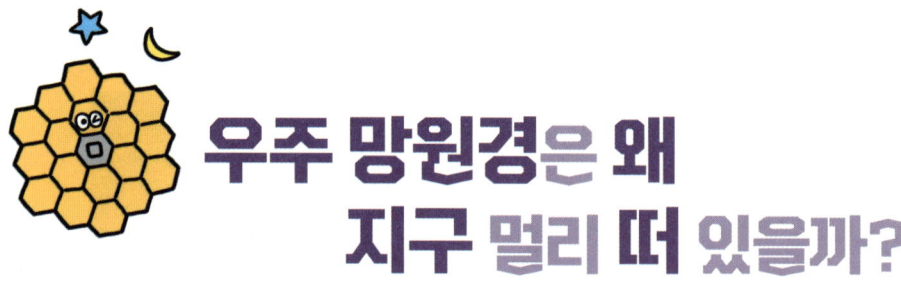
우주 망원경은 왜 지구 멀리 떠 있을까?

이렇듯 신비한 우주를 관측하기 위해 과학자들은 우주에 우주 망원경을 띄워 놨습니다. 우주에 있는 행성들을 분석해서 대기는 어떤지, 물이나 외계 생명체가 있는지 알아보는 거죠. 이번에는 우주 망원경에 대해 알아볼까요? 대표적인 우주 망원경인 허블 우주 망원경과 제임스웹 우주 망원경 이야기예요.

우주의 나이를 밝혀낸 허블 우주 망원경

허블 우주 망원경은 1990년 4월 24일에 케네디우주센터에서 발사되었어요. 대기권 밖의 우주를 관측하기 위해 우주로 쏘아 올린 허블 우주 망원경은 길이가 13.2미터, 무게는 약 1만 800킬로그램에 달했습니다. 허블 우주 망원경의 이름은 미국의 천문학자인 에드윈 허블에서 따왔어요. 허블은 우주 팽창과 빅뱅 이론의 기초를 마련한 대단한 천문학자랍니다.

　지구 상공 615킬로미터에 발사된 허블 우주 망원경은 우주를 관측하는 렌즈의 지름만 해도 2.4미터나 돼요! 지금은 고도가 점점 낮아져서 상공 540킬로미터 위에 있죠. 허블 우주 망원경을 통해 과학자들은 수많은 업적을 이루었어요. 특히 암흑물질의 존재를 알아내고, 우주 팽창 현상 등을 밝혀내 우주의 나이를 정확히 알아냈답니다. 우주의 팽창 속도를 파악해서 90퍼센트의 정확도로 밝혀낸 것이죠.

Tip

암흑물질이란?

암흑물질은 우주를 구성하는 가상의 물질입니다. 이 물질 덕분에 은하가 만들어지고 움직인다고 생각하고 있죠. 빛과 같은 전자기파를 흡수하거나 반사하지 않아 이름에 '암흑'이 붙었어요.

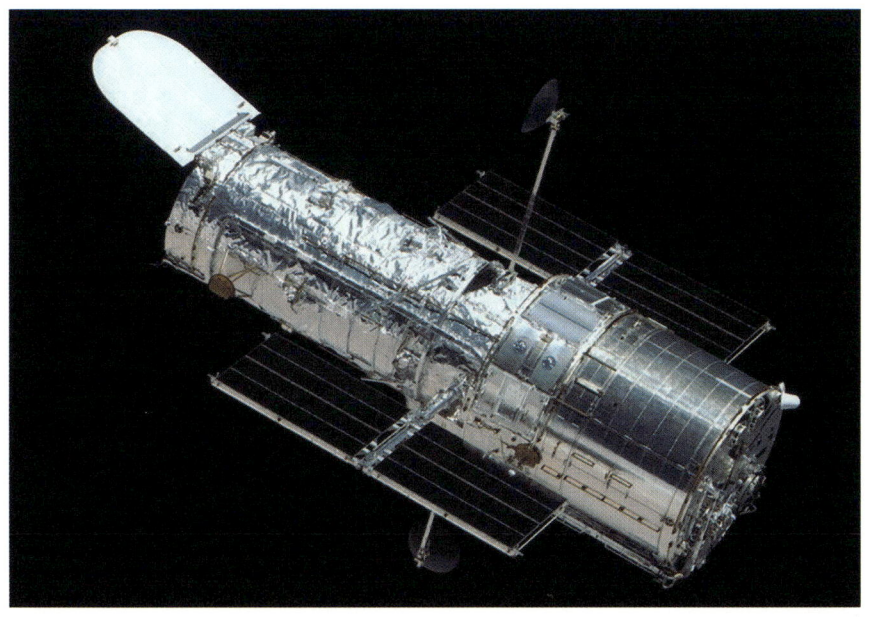

▲ 허블 우주 망원경
허블 우주 망원경 덕분에 우주의 나이가 약 138억 년이라는 걸 알게 됐죠.
출처: NASA

하지만 허블 우주 망원경은 여러 가지 문제가 많았어요. 처음엔 우주를 제대로 촬영할 수 없게 되자 1993년 우주왕복선인 인데버호를 발사해서 우주비행사가 허블 우주 망원경을 수리했습니다. 그러나 이후에도 4번이나 더 수리하게 되었어요. 허블 우주 망원경은 1980년대에 만든 컴퓨터와 전자장비를 사용하고 있었거든요. 돈으로 계산하면 100억 달러 가까운 수리비가 들었죠.

지구와 엄청 멀리 떨어져 있는 제임스웹 우주 망원경

허블 우주 망원경의 뒤를 이은 제임스웹 우주 망원경은 2021년 12월 21일에 발사되었어요. 이 우주 망원경의 이름은 미국항공우주국의 제2대 국장이었던 제임스 웹에서 따왔답니다.

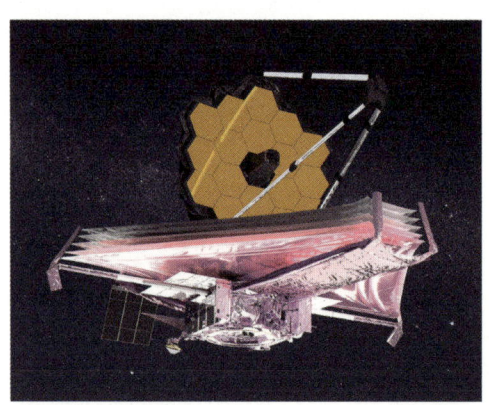

▲ 제임스웹 우주 망원경
렌즈 지름이 6.5미터에 이르고, 관측 성능은 허블 우주 망원경의 100배가 넘는다고 해요.
출처: NASA GSFC/CIL/Adriana Manrique Gutierrez

제임스웹 우주 망원경의 목표는 허블 우주 망원경을 대체해 아직 밝혀지지 않은 우주의 비밀을 밝혀내는 것입니다. 우선 우주 진화를 밝히기 위해 멀리 떨어진 초기 은하를 찾아서 관측하는 일을 맡았죠. 또한 외계행성을 관측하여 생명체가 살기에 적합한 지구형 행성을 찾아내는 일도 하고 있답니다.

그런데 제임스웹 우주 망원경은 허블 우주 망원경과 달리 지구와 엄청 멀리 떨어져 있어요. 지구로부터 150만 킬로미터 떨어져 떠 있죠. 여기가 '라그랑주 점' 중 하나이기 때문이에요! 무슨 뜻인지 자세히 설명해 볼게요.

우주를 관측할 때는 태양 빛이나 지구 기온에 따른 적외선의 영향을 되도록 받지 않는 게 좋아요. 그래서 태양, 지구, 우주 망원경 순서로 놓일 수 있게 제임스웹 우주 망원경을 띄워 놓았죠. 이렇게 하면 태양과 지구가 일직선에 있어서 우주 망원경이 지구와 같은 속도로 태양을 공전할 수 있어요. 또 커다란 차단막을 설치해서 태양, 지구, 달 등

▼ 제임스웹 우주 망원경의 비행궤도
제임스웹 우주 망원경은 라그랑주 점 중에 'L2'라는 곳에 있어요.
출처: NASA

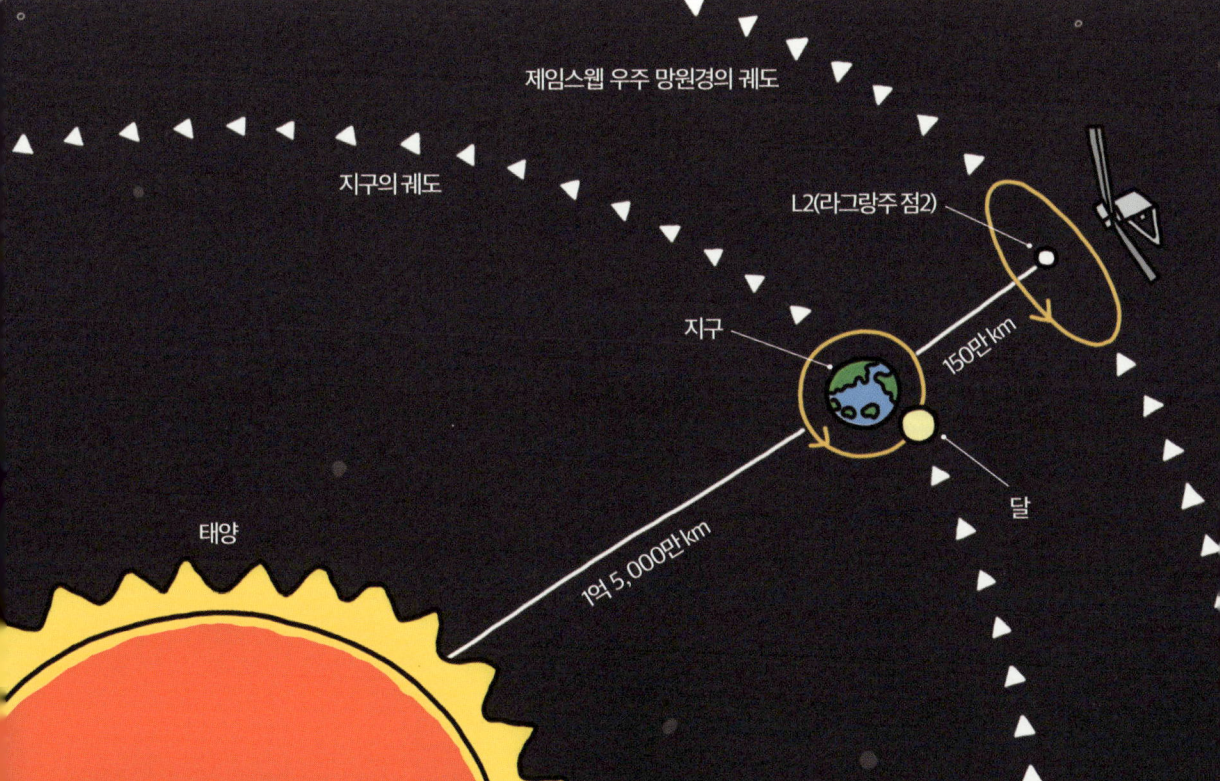

에서 오는 빛을 덜 받으면서 우주를 더욱 잘 관측할 수 있다고 합니다.

　이외에도 장점이 많아요! 우선 지구에서 볼 때는 우주 망원경이 항상 같은 위치에서 태양을 공전하기 때문에 우주를 관측하기에 좋다고 해요. 그리고 태양과 지구로부터 끌어당기는 힘이 거의 없어 망원경의 궤도를 조정할 때 연료도 가장 적게 들고, 우주 망원경의 수명도 덜 줄어든다고 합니다. 제임스웹 우주 망원경이 어떤 우주의 비밀을 알려줄지 정말 기대되네요!

 별별 우주 상식 ①

우리가 지은 우리말 별 이름

하늘에 떠 있는 별들은 원래 이름이 없어요. 어느 나라든 밤하늘의 별을 보고 그 나라에 맞게 이름을 붙여 온 것이죠. 하지만 전 세계에서 통하는 별이나 별자리 이름은 대부분 그리스 신화에서 왔답니다.

그렇다면 우리가 직접 지은 우리말 별 이름도 있겠죠? 국제천문연맹은 2015년부터 외계 천체에 이름을 짓는 캠페인을 벌였어요. 각 나라에서 이름을 공모한 다음 거기서 하나를 정해서 그 이름으로 부르자는 것이죠.

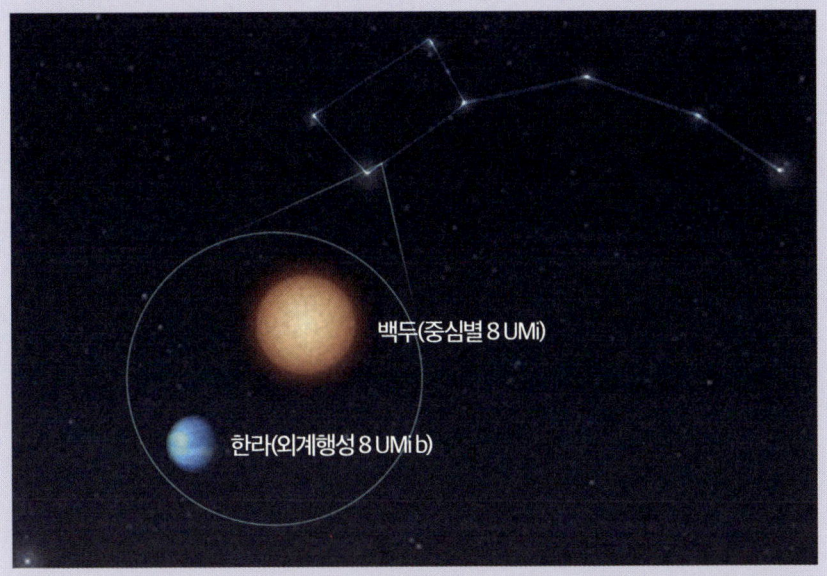

▲ 한라와 백두
작은곰자리 안에 중심별인 백두와 외계행성인 한라가 있답니다.
출처: 한국천문연구원

2019년 캠페인에서는 110여 개국의 36만 명이 참여해서 100여 개에 달하는 외계행성계에 이름을 붙였답니다. 이때 2015년 한국천문연구원에서 발견한 중심별과 그 주위를 도는 외계행성의 이름이 발표되었죠. 한글 이름을 붙이기 전엔 중심별은 '8 UMi'로, 외계행성은 '8 UMi b'라고 불렀어요. 둘 다 북극성이 있는 작은곰자리 안에 있고, 중심별은 맨눈으로도 관측할 수 있답니다. 이후 8 UMi는 '백두', 8 UMi b는 '한라'라는 이름이 생겼습니다. 이렇게 정해진 별과 외계행성의 이름은 발견 당시에 정한 과학적 명칭, 그러니까 8 UMi, 8 UMi b와 함께 사용됩니다. 그렇다면 백두와 한라의 이름을 지은 사람은 누구일까요? 바로 서울에서 일하는 경찰관이라고 하네요.

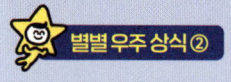

우리나라 역사책에 기록된 천문 현상

우리 조상의 역사가 담긴 옛 책에 다양한 천문 현상이 있다는 사실을 알고 있었나요? 삼국사기와 삼국유사를 비롯해서 고려사와 조선왕조실록에 이르기까지 먼 옛날 조상들은 밤하늘을 관측하고 기록으로 남겼답니다. 그중 하나가 태양 흑점입니다.

태양 흑점은 태양 표면에서 나타나는 검은 반점으로, 주변보다 온도가 낮아지면서 발생해요. 태양이 활동하는 주기에 따라 흑점의 양이 달라지죠. 고려사와 조선왕조실록에 남아 있는 기록을 분석해 보니 흑점의 주기는 짧게는 11년이었고, 60년도 있었어요. 긴 주기로는 240년도 있었죠.

서양에서는 17세기에 이르러서야 태양 흑점을 관측하기 시작했어요. 현대 천문학에서도 240년과 같이 주기가 긴 흑점은 많이 연구되지 못했죠. 이렇게 생각하니 우리 조상의 기록이 정말 대단해 보이네요!

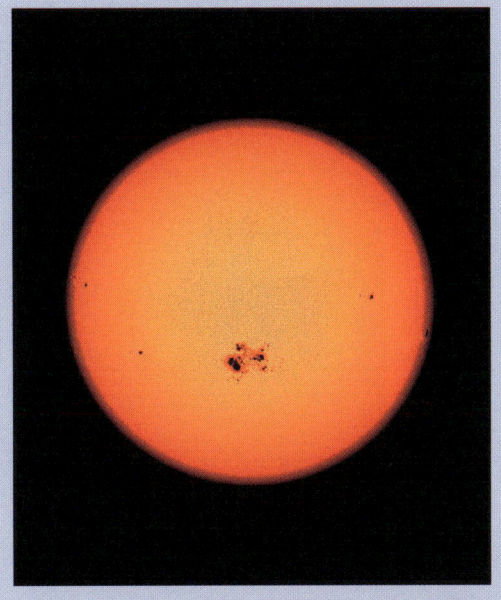

▲ 태양 흑점
2014년에는 이처럼 커다란 흑점이 관측되기도 했어요.
출처: NASA/SDO

옛 책에는 혜성에 대한 기록도 남아 있어요. 혜성은 태양에 가까이 가면 휘발성 물질들이 가열되면서 먼지와 함께 긴 꼬리를 만들어 냅니다. 그래서 눈에 잘 띄는 만큼 옛 관측 기록이 많이 남아 있죠. 먼저 삼국사기와 삼국유사에 따르면 혜성 관측 기록은 신라 38번, 고구려 8번, 백제 15번이나 됩니다.

▲ 핼리혜성
핼리혜성이란 이름은 1758년 혜성이 나타날 거라 예상한 천문학자 핼리에서 왔어요.
출처: NASA

　핼리혜성에 대한 기록도 남아 있어요. 고려사에는 5번, 조선왕조실록에는 6번 등장하죠. 신기한 건 천문학자 에드먼드 핼리가 1758년 혜성이 나타날 거라 예상했는데, 실제로 1759년에 나타났으며 조선왕조실록에도 관측 기록이 적혀 있다는 거예요! 그전까지 우리 조상들은 혜성을 하늘에서 벌어지는 신통한 일로 생각했지만, 1835년에 핼리혜성이 다시 등장했을 때부터는 천문 현상의 하나로 판단했답니다.

2장
우주여행에서 외계인을 만날 수 있을까?

이 넓디넓은 우주에 과연 지구에만 생명체가 있을까요? 우주에는 행성들이 아주 많으니 무조건 없다고 말할 수는 없을 거예요. 그래서 천문학자들은 지금도 우주에 생명체가 있을지 꾸준히 찾아보고 있답니다. 어쩌면 미래에는 새로운 행성에서 외계 생명체를 발견할 수도 있고, 우주여행을 떠나 우주에서 살게 되지도 않을까요?

외계 생명체를 찾아라!

민머리에 팔다리가 가는 길쭉한 외계인부터 지구인과 비슷한 외모의 외계인까지, SF영화에는 다양한 겉모습을 한 외계인이 등장합니다. 이처럼 다양한 건 아직 아무도 외계인을 직접 목격하지 못했기 때문이에요. 외계인이 실제로 있는지, 만약 있다면 인간처럼 지적인 능력을 가졌을지 알 수 없으니까요. 그래서 어딘가에 외계인이 살고 있지 않을까 하고 마음껏 상상을 펼치는 것이죠.

그렇다면 과학자들은 외계인이 정말 있을지 어떻게 연구하고 있을까요? 우선 외계 생명체가 살 만한 행성을 찾는 것에서부터 시작한답니다.

이 정도 행성이어야 외계 생명체가 살 수 있지!

어떤 행성에 외계 생명체가 있을지 찾는 가장 좋은 방법은 그곳에

▲ 400억 광년의 우주 어딘가에 외계 생명체가 있는 행성도 있겠죠?

물이 있는지 확인하는 거예요. 물이 있으면 유기물이 생겨났을 가능성이 매우 높거든요.

메테인이 있는지 검출해서 유기물을 확인하는 방법도 있어요. 유기물이 부패하거나 발효되는 과정에서 메테인가스가 발생하기 때문입니다. 하지만 메테인이 있다고 해서 외계 생명체가 반드시 있는 건 아니에요. 메테인은 화산 폭발, 소행성 충돌, 지각판 운동, 열수 분출 같은 자연 현상으로도 생기거든요. 열수는 마그마가 식은 후에 생긴 아주 뜨거운 용액으로, 유용한 광물 성분이 많이 녹아 있다고 해요.

그렇다면 메테인이 있는 행성 중에 유기물이 있

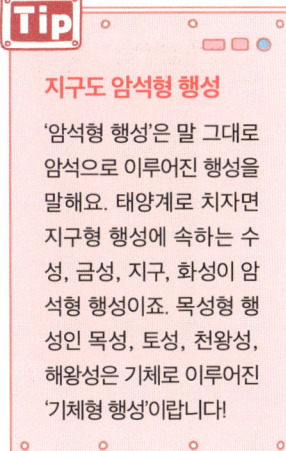

Tip

지구도 암석형 행성

'암석형 행성'은 말 그대로 암석으로 이루어진 행성을 말해요. 태양계로 치자면 지구형 행성에 속하는 수성, 금성, 지구, 화성이 암석형 행성이죠. 목성형 행성인 목성, 토성, 천왕성, 해왕성은 기체로 이루어진 '기체형 행성'이랍니다!

을 가능성이 높은 곳은 어디일까요? 캘리포니아 대학교 산타크루즈 캠퍼스의 연구에 따르면 암석형 행성에서 메테인이 이산화탄소와 함께 발견될 때, 메테인이 일산화탄소보다 많을 때, 그리고 행성에 물이 너무 많지 않을 때 유기물이 있을 수 있다고 합니다.

　마지막으로 대기가 있는 행성 중에 몇 가지 조건이 맞아떨어지면 유기물이 있을 가능성이 높다고 해요. 뉴욕 대학교 아부다비 캠퍼스의 연구에 따르면, 대기가 있는 행성 중에 플레어 분출이나 파장이 짧은 자외선의 방출이 없어야 합니다. 그래야 대기에 손실이 일어나지 않으

▲ 태양의 플레어 분출
태양이 아닌 지구에서 플레어 분출이 일어났다면 지구에는 그 어떤 생명체도 살지 못했을 거예요.
출처: NASA/SDO

면서 유기물이 살아 있을 가능성이 높죠.

플레어는 항성이나 행성에 있는 높은 에너지 입자가 폭발하는 현상을 말합니다. 플레어 분출이 일어나는 행성에서는 대기가 파괴되어 유기물이 있을 가능성이 낮아요. 하지만 플레어 분출이 일어나는 항성을 공전하는 행성에서는 유기물이 있을 가능성이 높다고 해요. 여기에 들어맞는 대표적인 항성과 행성이 바로 태양과 지구이죠. 항성은 태양처럼 위치를 바꾸지 않고 스스로 빛과 열을 내는 별을 말합니다.

외계 생명체를 찾는 공식이 있다?

우주는 우리가 상상할 수 없을 만큼 크고 넓으며, 수많은 별과 그 주위에 행성들을 거느리고 있지요. 지구처럼 어쩌면 또 다른 행성에도 생명체가 존재하고 문명이 발전했을지도 몰라요! 천문학자들은 이러한 가능성에 무게를 두고 우주에 생명체가 있을지 연구하고 있답니다.

그중 유명한 사람이 미국의 천문학자 프랭크 드레이크예요. 드레이크는 외계 지적 생명체 탐사 프로그램인 세티(SETI)를 만든 사람으로 유명합니다. 더 나아가 외계 문명이 얼마나 있을지 추정하는 방정식을 만들었죠. 바로 '드레이크 방정식'입니다. 정확히 말하자면 우리 은하(태양계가 포함되어 있는 은하계)에서 교신할 수 있는 외계 문명이 몇 개나 있을지 계산하는 방정식입니다. 100퍼센트 확실하다고 볼 수는 없지만 외계 문명을 계산해 본다는 데에 의의가 있다고 할 수 있죠.

그럼 드레이크 방정식을 한번 살펴볼까요? 이 방정식은 다음 7개의 수를 곱해서 계산합니다.

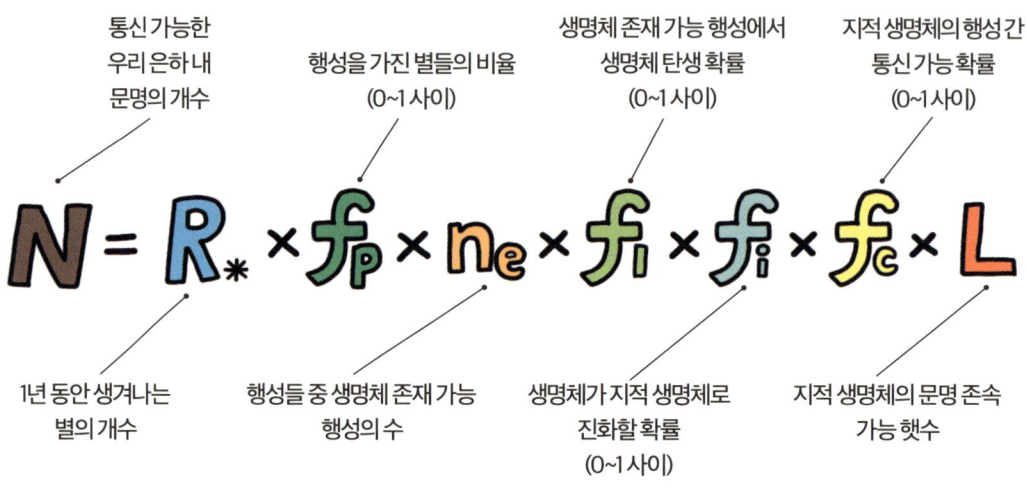

▲ 드레이크 방정식

드레이크가 1961년에 가정한 각각의 값은 10, 0.5, 2, 1, 0.01, 0.01, 10,000입니다. 이를 곱해 보면 우리 은하 안에서 교신할 수 있는 외계 문명이 10개나 된다고 해요! 우주과학이 더욱 발전하면 언젠가는 진짜인지 밝혀낼 수 있겠죠?

지구에 도착했던 UFO나 외계인이 있을까?

누군가는 외계인이 이미 지구를 방문했다고 말하기도 해요. 그렇다면 인류보다 훨씬 발달한 문명을 이루고 수준 높은 기술을 갖고 있었다는 셈이 되죠. 만약 그러한 외계인이 이미 지구에 도착했다면 지구는 지금과 달라졌을 거예요. 발달한 과학기술로 인간들과 의사소통을 하거나 지구를 아예 정복했을 테니까요. 그러니 외계인은 아직 지구에 오지 않았다고 보는 편이 맞습니다.

이와 반대로 외계인이 지구를 방문한 적이 없다고 말하는 사람도 있어요. 그 사람들은 지구에 도착할 만큼 높은 기술을 가진 외계인이라면 굳이 지구를 침략할 필요가 없었을 거라고 주장하죠. 어느 관점이든 지구에서 가장 가까운 별까지도 4.3광년이나 걸리니, 빛의 속도보다 훨씬 빠르게 이동하는 방법이 있기 전까진 지구에 도착할 수 없을 거예요.

그렇다면 사람들이 종종 목격했다고 하는 미확인 비행 물체(UFO)는 무엇일까요? 미국항공우주국에서는 미확인 비행 물체 대신에 '미확인 항공 현상'(UAP)이라는 말을 사용합니다. 다시 말해 하늘에서 일어나는 어떤 현상이긴 하지만 정확히 무엇인지 확인하지 못하고 있다는 것이죠. 미국항공우주국은 2022년 10월부터 이 현상과 관련한 수백 건을 공식 조사하여 2023년 9월에 외계와의 연관성을 찾을 수 없다고 발표했습니다. 하지만 연구를 이어 가고 있죠.

사람들이 미확인 비행 물체로 주로 착각하는 것들이 있어요. 비행기 불빛이나 조명, 유성, 새 떼, 스텔스기, 인공위성, 구름, 풍선, 기상 관측 기구, 대기권에 진입한 우주쓰레기 등등 다양하죠. 대부분은 정체가 밝혀지지만 무엇인지 모르는 것도 남아 있긴 해요. 하지만 미확인 비행 물체라고 주장하는 사진 중 상당수는 사람들의 관심을 끌려고 조작한 것이라고 합니다.

외계인과 관련해서는 로스웰 사건이 유명해요. 1947년 6월 24일에 민간 조종사가 미확인 비행 물체 9개를 목격했고 7월 8일에 미국 항공대가 비행접시를 수거했다는 신문기사가 나온 것이죠. 그다음 날 미국 공군은 미확인 비행 물체가 아니라 기상 관측 기구라고 발표했습니다. 그럼에도 비행 물체의 잔해는 물론이고 외계인 시체까지 봤다는 목격담이 나왔습니다.

심지어 외계인의 시체를 군사기지인 51구역에 보관하고 있다는 음

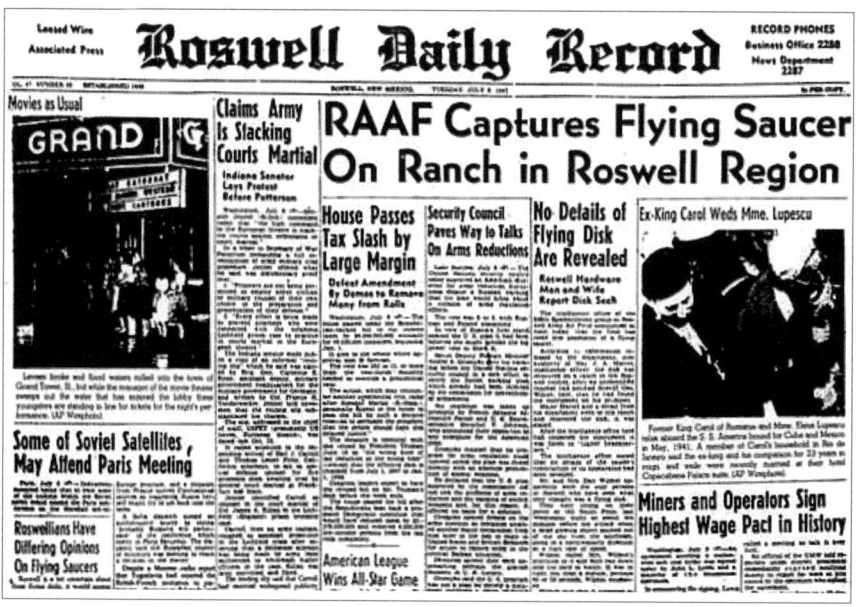

▲ 로스웰 사건을 소개한 신문기사
1947년 당시 신문 1면에 크게 실리면서 사람들의 관심이 쏟아졌답니다.
출처: Roswell Daily Record

모론도 나왔어요. 1995년에 외계인을 해부하는 동영상까지 공개되었지만, 이 동영상은 2006년에 가짜로 밝혀졌죠. 결국 1994년에 미국 공군은 비행 물체 잔해는 구소련(지금의 러시아)의 핵실험 탐지용 기구였고, 외계인의 시체로 알려진 것은 고공 낙하 훈련에 사용된 인체 모형이라고 해명했습니다.

우주비행사는 정말 대단해!

우주로 떠난 최초의 우주인은 구소련의 보스토크 1호에 탑승한 유리 가가린입니다. 1961년 4월 12일에 발사된 보스토크 1호를 타고 유리 가가린은 첫 궤도 비행에 성공하죠. 하지만 사람을 태워 우주로 날아가기 전에 과학자들은 동물을 이용해 우주비행을 실험했어요. 1950~1960년대만 해도 우주에 대해 모르는 게 훨씬 많았기 때문입니다. 인간보다 먼저 저 먼 우주로 떠난 동물들에 대해 알아볼까요?

인간보다 먼저 우주로 떠난 동물들

우주로 나간 최초의 동물은 '라이카'라는 개입니다. 1957년 10월 4일에 구소련은 최초의 인공위성인 스푸트니크 1호를 발사했어요. 이후 한 달 만에 라이카라는 개를 실은 스푸트니크 2호가 우주로 발사되었죠. 하지만 스푸트니크 2호의 장비가 고장 나는 바람에 산소 공급이 중단되면서 라이카는 당초 계획했던 열흘이 아닌 불과 7시간 만에 세상을 떠나고 말았습니다.

미국에서도 동물을 이용한 우주비행 실험이 있었어요. 1958년에 다람쥐원숭이인 '고르도'가 주피터 로켓을 타고 우주 궤도에 도달했죠. 하지만 안타깝게도 지구로 돌아올 때 낙하산이 펼쳐지지 않아서 우주선은 그대로 추락했다고 합니다.

이후에도 많은 동물이 우주비행을 하게 되었어요. 그중 몇 가지를 소개하자면, 구소련은 1960년에 스푸트니크 5호에 '벨카'와 '스트렐카'라는 개를 태워서 지구를 17바퀴나 돈 다음 무사히 귀환시켰습니다. 그다음 해인 1961년에는 미국이 침팬지 '햄'을 레드스톤 로켓에 태워 지구 궤도까지 올렸다가 지구 귀환에 성공했죠.

1963년에는 프랑스가 '펠리세트'라는 길고양이를 베로니크 로켓에 태우고 지구로부터 156킬로미터 떨어진 고도까지 비행했죠. 이후 낙하산을 타고 지구로 무사히 귀환했으나 펠리세트는 이어진 연구로 건강이 나빠졌고 결국 3개월 뒤에 안락사로 세상을 떠나

▲ 최초의 우주비행 고양이 펠리세트
많은 사람이 지금도 펠리세트의 희생을 기리고 있답니다.

게 되었습니다.

이러한 과정을 통해 우주의 방사능은 물론이고 우주로 향하는 과정에서 겪는 극심한 속도와 우주 환경의 영향, 그리고 우주선 설계에 필요한 다양한 정보까지 얻을 수 있었죠. 그 덕분에 이후 인류는 직접 달에 착륙하고 국제우주정거장(ISS)을 운영할 수 있게 되었답니다. 동물들의 희생을 잊지 말아야겠죠?

생각보다 훨씬 어려운 우주비행

지구는 인간이 살아가기에 좋은 조건을 갖추고 있습니다. 공기부터 대기압, 온도, 방사선까지 말이죠. 하지만 지구 밖에서는 이러한 장점이 사라집니다. 공기가 없으니 대기압도 없죠. 온도도 매우 덥거나 추워서 몸이 견디지 못할 정도예요. 또한 방사선에 노출되는 즉시 몸이 망가지기 시작합니다. 그래서 우주비행사들은 우주복을 갖춰 입고 일해야 하죠.

또한 우주비행은 밀폐된 공간에서 잘 버티는 것도 중요합니다. 화성에 가는 것만 해도 밀폐된 우주선 안에서 몇 달간 있어야 하죠. 제한된 공간에서 똑같은 사람들과 함께 단조로운 생활을 견뎌야 하는 겁니다.

그래서 러시아와 미국 등에서 이를 대비한 실험

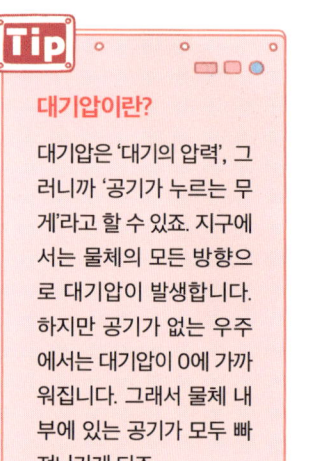

Tip

대기압이란?

대기압은 '대기의 압력', 그러니까 '공기가 누르는 무게'라고 할 수 있죠. 지구에서는 물체의 모든 방향으로 대기압이 발생합니다. 하지만 공기가 없는 우주에서는 대기압이 0에 가까워집니다. 그래서 물체 내부에 있는 공기가 모두 빠져나가게 되죠.

을 진행하고 있어요. 특히 미국은 이를 위해 하와이에 모의 화성 기지를 건설했죠. 2013년부터 많은 사람이 이곳에서 일정 기간 동안 실제 화성에 있는 것처럼 생활하고 있답니다.

▲ 우주비행사
우주 공간에서 우주비행사는 많은 어려움을 이겨 내고 있어요.
출처: NASA

우주비행사를 괴롭히는 건 이뿐만이 아닙니다. 우주비행사는 발사를 포함한 비행 과정에서 생명을 잃을 수 있다는 부담감, 국제우주정거장에 있을 때 소행성과 충돌할지도 모른다는 두려움을 안고 일하게 됩니다. 또한 우주에 장기간 체류할 때 육체적인 피로와 정신적인 문제를 겪을 수도 있죠.

화성까지 가다가 분노할 수도 있다고?

그렇다면 지구에 가까운 행성인 화성까지 비행할 때 어떤 일이 있을지 생각해 볼까요? 우선 화성까지 적어도 8개월 넘게 걸리고, 그보다 더 멀리 간다면 얼마나 걸릴지 알 수 없어요.

화성에 가는 동안에는 밀폐된 공간에서 계속 머물러야 해요. 다시 말해 몇 달 동안 같은 사람들만 만나고, 같은 물건만 보게 되죠. 또한 우주선 밖에는 칠흑 같은 어둠만 펼쳐질 겁니다. 이러한 상황에 놓이면 사람들은 따분해하는 걸 넘어서 우울증이나 불안감 같은 심각한 스트레스를 받을 수도 있죠. 때에 따라서는 폭력을 일으킬 수도 있습니다.

앞서 말한 모의 화성 기지처럼, 우주비행사들은 밀폐된 공간에서 오래 적응할 수 있도록 훈련하고 있긴 해요. 하지만 사람의 심리 상태는 계속 변하기 때문에 그때그때 예측하기 어렵답니다. 그래서 과학자들은 화성에 도착할 때까지 사람을 재우는 방법도 연구하고 있어요.

사람을 동면 상태에 두면 여러 이점이 있어요. 먼저 수면 중에는 신진대사가 느려져서 물과 음식을 적게 섭취해도 충분해요. 또한 정신 건강을 유지할 수 있죠. 우주선에서 사람을 동면 상태에 두는 방법은 다음과 같아요.

먼저 몸에 진정제를 투여하고 심박수, 혈압, 산소 농도 등을 측정합니다. 진정제의 효과가 나타나면 체온을 낮추죠. 이후 항응고제로 혈

▲ 어쩌면 미래에는 이런 모습으로 화성에 가지 않을까?

전(혈관 속에서 피가 굳어져서 생기는 조그마한 핏덩이) 생성을 막고, 항생제로 세균 감염을 예방합니다. 그 외에도 로봇 등을 이용해 주기적으로 근육을 풀어 주고, 목구멍이나 위장을 통해 음식물을 넣어 주고, 대소변을 수거하는 과정도 거쳐야 해요.

동면 상태는 아주 오래 할 수는 없고, 몇 주 정도가 적당하다고 합니다. 그래서 몇 주가 지난 다음엔 체온을 올리고 진정제 투여를 멈춥니다. 깨어난 사람들은 몸을 움직여서 일정 시간 활동한 뒤에야 동면 상태에 다시 들어갈 수 있어요. 이처럼 생각보다 많은 과정을 거쳐야 한답니다.

우주로 한번 여행을 떠나 볼까?

그렇다면 인류는 언제쯤 우주로 여행을 떠나 볼 수 있을까요? 먼 옛날부터 인류는 우주여행을 꿈꾸었고, 우주산업이 고도로 발전한 최근에는 우주여행의 실현 가능성이 매우 높아졌죠. 우주여행은 단순한 여행을 넘어, 우주에서 새로운 거주지를 찾는 발판이 되어 줄 겁니다.

최초의 우주관광객은 미국의 백만장자 데니스 티토라는 사람입니다. 2001년 소유스 우주선을 타고 국제우주정거장을 방문했죠. 앞으로 살펴보겠지만 우주여행은 더욱더 빠르게 발전하고 있답니다.

우주여행을 위해 로켓을 띄운 전 세계 기업들

우주여행은 크게 둘로 나뉘어요. 지구 궤도 아래(고도 80킬로미터 정도)를 여행하는 준궤도 우주여행과 지구 궤도를 도는 궤도 우주여행이죠. 현재 개발 중인 민간 우주관광은 대부분 준궤도 우주여행입니다. 약

100킬로미터의 고도까지 비행하는 것인데요. 완벽한 상용화까지는 기술 개발이 더 필요하지만, 준궤도 우주여행을 통해 무중력을 체험하고 대기권 밖에서 빛나는 별들과 지구를 감상할 수 있다고 합니다.

우주여행 기술 개발은 크게 세 가지 특징을 갖고 있어요.

첫째로 민간 기업이 도맡고 있습니다. 국가가 우주개발에 앞장섰던 예전과 다른 모습이죠. 둘째로 우주여행을 하기에 앞서 꼭 받아야 할 훈련을 최대한 줄이려고 합니다. 우주여행에 드는 시간은 30분 남짓에 불과해요. 이 30분을 위해 너무 많은 훈련을 받는다면 힘들겠죠. 그래서 요즘에는 하루나 며칠 안에 신체검사와 간단한 훈련만 받으면 우주여행을 할 수 있도록 개발 중입니다. 셋째로 우주여행에 드는 비용을 최대한 낮추려고 노력하고 있습니다.

그러면 어떤 기업들이 우주여행을 준비하고 있을까요? 먼저 블루오리진사는 재사용이 가능한 우주여행용 로켓인 '뉴셰퍼드'를 개발해 인류의 달 착륙 52주년이 되는 2021년 7월 20일에 승객을 태우고 발사했습니다. 로켓이 100킬로미터까지 상승하면 6인용 캡슐이 분리되고, 로켓에 탑승한 사람들은 약 10분간 무중력을 체험할 수 있었어요. 캡슐은 이후 낙하산을 통해 지상으로 착륙합니다. 블루오리진사는 2024년 5월까지 일곱 차례에 걸쳐 37명에게 우주여행을 제공했죠.

버진갤럭틱사도 꾸준히 우주여행을 개발하고 있어요. 2004년 10월 4일에 무인 우주선이 최대 고도 111.64킬로미터까지 올라갔고 3분간 우주 공간에 머문 다음 귀환했죠. 사람을 태우는 유인 우주비행도 해냈어요. 2021년 5월 22일에 뉴멕시코의 우주공항에서 조종사 2명을 태우고 첫 시험비행에 성공했죠. 약 두 달 뒤인 2021년 7월 11일에는 승객 6명을 태우고 첫 우주비행을 성공적으로 마쳤습니다. 버진갤럭틱사는 2024년 6월까지 일곱 차례에 걸쳐 37명에게 우주여행을 제공했어요. 이미 600명이 넘는 사람들이 우주여행을 예약했답니다.

마지막으로 살펴볼 스페이스X사는 2020년 5월 30일에 유인 우주선인 7인승 '크루 드래건'을 국제우주정거장에 보내는 데 성공했어요. 또한 추진 로켓을 재사용할 수 있게 개발해서 발사에 드는 비용을 절반 넘게 줄일 거라고 합니다. 스페이스X의 목표는 2050년까지 50만 달러의 저렴한 금액으로 일반인을 화성으로 보내는 것이라고 하네요!

▲ 스페이스X의 크루 드래건
크루 드래건의 비행 성공은 인류의 우주여행에 중요한 이정표를 세웠습니다.
출처: NASA

이 밖에도 비글로우, XCOR, 아마딜로, 보잉, 에어버스 등등 전 세계의 내로라하는 기업들이 준궤도 또는 지구 저궤도 우주관광을 준비하고 있다고 합니다. 저궤도는 1,000킬로미터 이하의 궤도를 말해요. 언젠가는 우리도 우주여행을 떠나 볼 수 있겠죠?

세상을 떠난 후에 우주로 날아간다면

현재의 우주개발로는 우주비행을 해 본 사람은 그리 많지 않습니다. 그래서 어떤 사람들은 죽은 후에라도 우주로 날아가고픈 바람을 갖고 있기도 해요. 이러한 사람들을 위해 '우주 장례'라는 상품이 등장했어요. 다시 말해 유골을 넣은 캡슐을 발사체에 실어 우주로 보내는 것이죠. 우주에 도착한 캡슐은 지구 주위를 돌다가 지구 중력에 이끌려 대기권에 진입하여 불타 없어집니다.

우주 장례 사업을 처음 시작한 회사는 미국의 셀레스티스사입니다. 1997년 4월 21에 '페가수스 XL'이라는 발사체에 <스타트렉>의 영화감독인 진 로든베리, 미국의 심리학자이자 작가인 티모시 리어리, 물리학자인 제라드 네일 등 유명 인사들의 유골이 실렸죠.

이후 좀 더 저렴한 비용으로 특별한 우주 장례 서비스를 제공하는 기업들이 나타났어요. 미국의 메소로프트사는 유골을 실은 열기구를 상공 32.2킬로미터까지 올린 다음, 유골을 대기권에 뿌려 주는 서비스를 시작했어요. 비용은 3,000달러이고, 유골을 뿌릴 장소를 정한다면 8,000달러를 내야 한다고 해요. 스페이스X사와 엘리시움스페이스사도 우주 장례 서비스를 제공하고 있어요. 1년에 1번 스페이스X사의 팔콘9 발사체를 이용하며, 수천 달러의 돈을 내야 하죠.

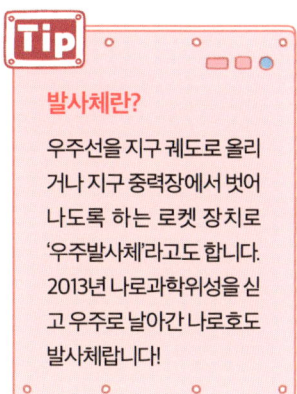

Tip

발사체란?
우주선을 지구 궤도로 올리거나 지구 중력장에서 벗어나도록 하는 로켓 장치로 '우주발사체'라고도 합니다. 2013년 나로과학위성을 싣고 우주로 날아간 나로호도 발사체랍니다!

▲ 메소로프트사의 우주장례식
2014년에 첫 고객의 유골을 뿌리는 영상을 공개하며 화제를 모았답니다.
출처: 유튜브 'Mesoloft'

특히 고령화가 빠르게 진행 중인 일본은 묘지 관리에 대한 부담 때문에 우주 장례가 큰 인기를 끌고 있어요. 발사체에 캡슐을 넣어 우주에 떨어뜨리는 방법 말고도, 풍선을 이용하거나 인공위성에 실어서 일정 기간 궤도를 도는 방법까지 여러 서비스가 등장했죠. 우리나라 또한 2007년 2월부터 국민상조가 미국의 셀레스티스사와 계약을 맺고 우주 장례 상품을 판매하고 있습니다.

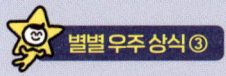 별별 우주 상식 ③

우주에서 더욱 필요한 3D 프린터

이제는 3D 프린터로 원하는 물건을 손쉽게 만들어 사용할 수 있죠. 그렇다면 3D 프린터로 부품을 만들어서 조립하는 것도 가능하지 않을까요? 아직은 모든 부품을 다 만들어 낼 수 없지만, 대부분의 부품을 3D 프린터로 만들어 조립할 수 있다고 합니다.

머지않은 미래에는 우주로 떠날 때 3D 프린터가 꼭 필요할 거예요. 우주선에서 사용할 부품을 모두 싣고 가는 것보다 재료만 챙기고 우주선 안에서 3D 프린터로 만들어 사용하는 게 훨씬 효율적일 테니까요. 어쩌면 달이나 화성에서 그곳의 재료들로 우주 기지를 건설할 수도 있지 않을까요? 작은 크기의 3D 프린터를 가지고 간 다음, 커다란 3D 프린터를 만든다면 불가능한 이야기는 아닐 겁니다.

더 나아가서 우주여행 중에 우리가 먹는 음식까지도 3D 프린터로 만들어 낼 수 있을지도 몰라요! 음식 재료를 분말로 바꾼 다음, 여기에 물과 기름을 추가해서 적절한 모양으로 만든다면 실제 음식과 비슷한 맛을 낼 수 있을 거라고 합니다. 물론 우리가 먹고 있는 정도의 맛을 내려면 적절한 레시피가 필요하겠지만요.

실제로 로켓랩이라는 회사에서는 '일렉트론'이라는 소형 발사체에 들어갈 엔진 부품을 3D 프린터로 만들었어요. 덕분에 부품 수도 줄이고 제작비도 크게 줄어들었죠. 또한 미국항공우주국에서는 3D 프린터로 달의 토양을 이용해 구조물을 만드는 실험을 진행했으며, 심지어는 사람의 무

▲ 로켓랩의 일렉트론 발사체
일렉트론은 2024년 6월 기준으로 50차례의 발사를 통해 약 190기의 인공위성을 지구 궤도에 띄웠답니다.
출처: NASA

류 연골을 만들어 평가하는 실험도 진행하고 있다고 합니다. 미국뿐만 아니라 다른 나라에서도 우주에서 3D 프린터를 활용하는 방법을 연구하고 있어요.

중국은 우주에서 3D 프린터를 이용해 복합 재료가 들어간 가벼운 벌집 모양 구조물을 만들었죠. 이를 통해 나중에 우주에서 초대형 구조물을 건설할 수도 있을 겁니다. 앞으로는 우주에서 3D 프린터가 더욱 요긴하게 쓰일지도 모르겠네요!

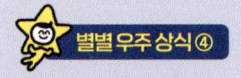 별별 우주 상식 ④

위험천만한 우주비행과 안타까운 희생

우주개발은 지상과는 전혀 다른 환경에서 이루어지는 만큼, 아주 작은 오류가 생겨도 심각한 사고로 이어집니다. 약 70년에 걸친 걸친 우주개발 기간 동안 총 18명이 목숨을 잃었죠.

유인 우주비행에서의 첫 인명사고는 1967년 4월 24일 소유스 1호에서 일어났어요. 우주 궤도에 진입하여 비행하다가 재진입 시스템에 고장이 발생했죠. 수동 조작으로 재진입에 성공했지만 낙하산이 제대로 작동하지 못해 블라디미르 코마로프라는 우주인이 세상을 떠나고 말았습니다.

소유스 우주선의 불행은 여기서 그치지 않았어요. 1971년 6월 30일 소유스 11호가 지구로 재진입하던 중에 우주선에 균열이 발생했죠. 우주선 내부의 압력이 떨어지면서 3명의 우주인이 목숨을 잃었습니다. 168킬로미터 고도의 우주에서 발생한 사고였죠. 다행히 소유스 우주선은 이후에 매우 안정적으로 비행했고, 2024년 3월 23일에는 153번째 비행으로 국제우주정거장에 도착했습니다.

미국에서도 안타까운 사고가 일어났어요. 미국은 국제우주정거장 개발비용이 계속 늘어나자 발사비용을 줄이기 위해 재사용이 가능한 우주왕복선을 개발하기 시작했습니다.

하지만 1986년 1월 28일 우주왕복선 챌린저호에 불운이 닥쳤어요. 우주선 부품 중 하나인 고체로켓부스터에서 고무링 불량이 발생해 발사한 지 73초 만에 공중에서 폭발한 것이죠. 우주선에 문제가 있다는 걸 이미 알고 있었지만 안일하게 대처해서 일어난 사고였습니다. 최초의 야간 발사로 기록된 이날 발사에서 7명의 우주인이 세상을 떠났습니다.

21세기에 들어서도 목숨을 잃는 사고가 일어났습니다. 2003년 2월

▲ 우주로 나아가는 챌린저호
1986년 1월 공중에서 폭발한 챌린저호의 잔해가
2022년 11월 버뮤다 삼각지대에서 발견되며 큰 관심을 끌기도 했습니다.
출처: NASA

1일 미국의 우주왕복선 컬럼비아호가 대기권에 다시 돌입하다가 폭발한 사고입니다. 재돌입 전에 왼쪽 날개가 손상되었다는 걸 알고 있었지만, 수리하기 어렵다고 판단해 대기권 돌입을 감행했죠. 결국 대기권에 진입할 때 높은 마찰열이 손상된 부위를 타고 들어가 구조물이 부서지며 폭발하고 말았습니다. 이 사고로 7명의 우주인이 세상을 떠나게 되었죠.

이처럼 우주개발은 참으로 어렵고 험난한 과정이라고 할 수 있어요. 그러나 이러한 희생자들과 사명감을 가진 개발자들의 노력으로 꾸준히 발전하고 있죠. 우리가 안타까운 희생을 더욱 기억해야 하는 이유입니다.

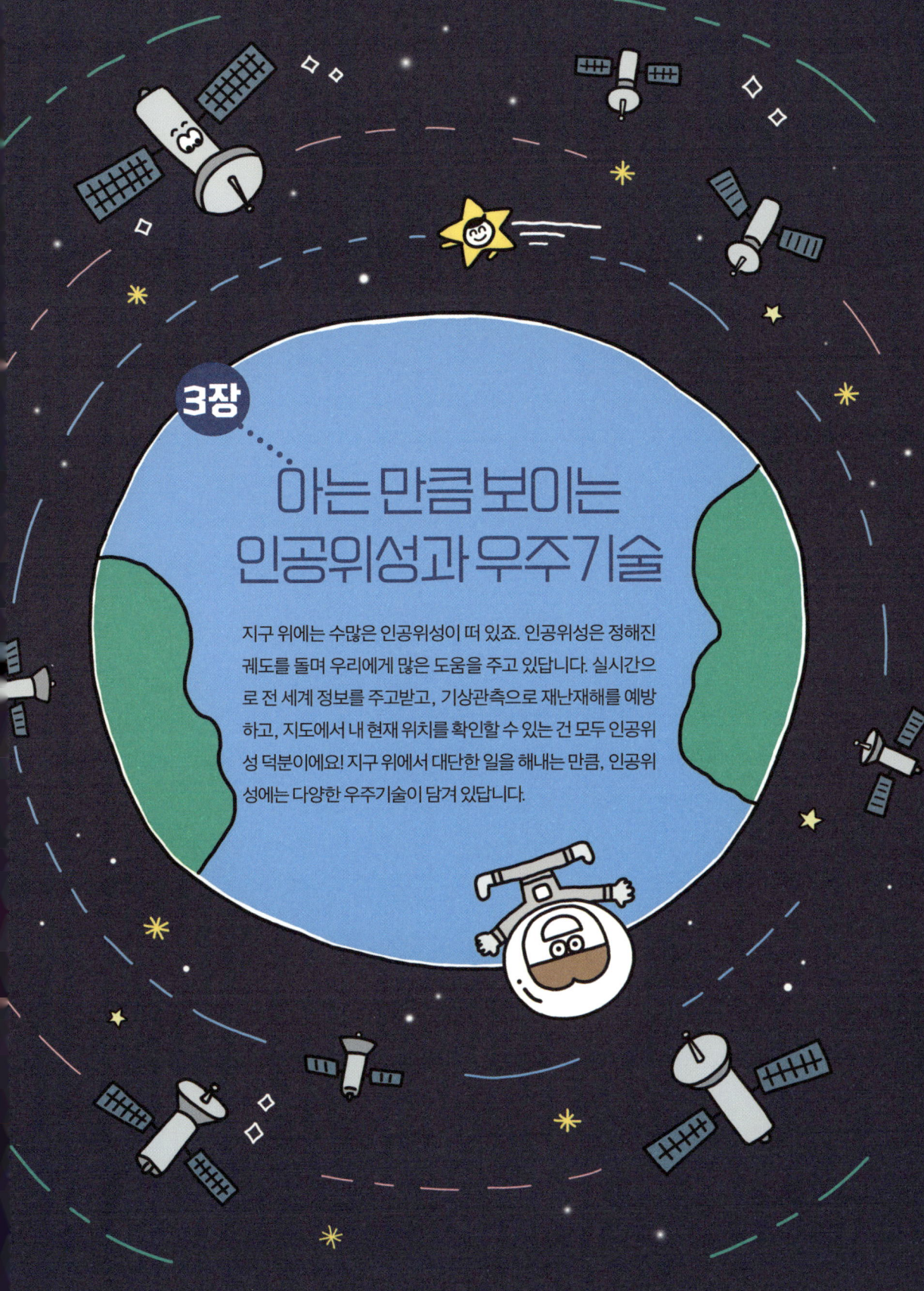

3장

아는 만큼 보이는 인공위성과 우주기술

지구 위에는 수많은 인공위성이 떠 있죠. 인공위성은 정해진 궤도를 돌며 우리에게 많은 도움을 주고 있답니다. 실시간으로 전 세계 정보를 주고받고, 기상관측으로 재난재해를 예방하고, 지도에서 내 현재 위치를 확인할 수 있는 건 모두 인공위성 덕분이에요! 지구 위에서 대단한 일을 해내는 만큼, 인공위성에는 다양한 우주기술이 담겨 있답니다.

지구 주위는 인공위성으로 가득해!

　위성은 천체 주위를 돌고 있는 물체를 말해요. 지구로 치자면 달이라는 위성이 있죠. 그리고 수성과 금성에는 위성이 없지만, 화성에는 '포보스'와 '데이모스'라는 위성이 있습니다. 목성, 토성, 천왕성, 해왕성은 위성이 수십 개나 되지요. 이 같이 행성 주위를 도는 위성을 인공위성과 구분하기 위해 '자연위성'이라고도 합니다.

　인공위성은 인류가 어떤 목적을 위해 지구 주위에 일부러 띄워 올린 위성을 말해요. 발사체에 실려 매우 빠른 속도로 올라간 인공위성은 300킬로미터 이상의 고도에서 임무를 수행합니다. 인공위성은 통신방송, 지상관측, 기상관측, 우주관측, 위치정보 제공 등 다양한 일을 맡습니다. 앞으로는 중요성이 더욱 커질 거라고 해요! 그럼 인공위성의 역사부터 자세히 알아볼까요?

최초의 인공위성과 스푸트니크 쇼크

▲ 스푸트니크 1호
스푸트니크 1호 발사는 미국과 구소련의 우주개발 경쟁을 더욱 부추기는 계기가 되었습니다.
출처: NASA

앞서 소개했듯이 세계 최초의 인공위성은 1957년 10월 4일에 구소련이 발사한 스푸트니크 1호입니다. 스푸트니크 1호는 지름 58센티미터, 무게 83.6킬로그램의 알루미늄으로 만들어졌어요. 구형의 본체 외부에는 4개의 안테나가 달려 있고, 내부에는 우주 공간의 밀도와 온도를 측정하는 측정기와 송신용 장비를 탑재했죠.

당시 과학기술 분야에서 세계 최고라고 자부하고 있던 미국은 이 소식에 크게 당황했습니다. 인공위성 기술 완료는 다른 나라를 샅샅이 감시하고, 대륙간탄도미사일을 만들 수도 있다는 뜻이기 때문이었죠. 일반인까지 큰 충격을 받은 이 사건을 '스푸트니크 쇼크'라고 부릅니다.

이후 미국은 우주개발에 더욱 박차를 가해서 1958년 1월 31일에 미국의 첫 인공위성인 익스플로

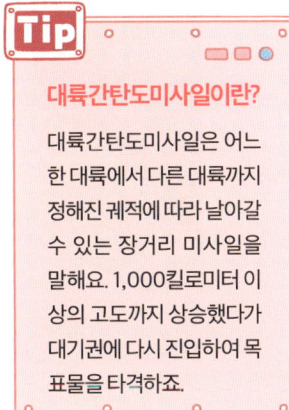

Tip

대륙간탄도미사일이란?

대륙간탄도미사일은 어느 한 대륙에서 다른 대륙까지 정해진 궤적에 따라 날아갈 수 있는 장거리 미사일을 말해요. 1,000킬로미터 이상의 고도까지 상승했다가 대기권에 다시 진입하여 목표물을 타격하죠.

러 1호를 발사했습니다. 하지만 구소련도 속도를 내서 1961년 4월 12일 유리 가가린을 태운 보스토크 1호를 발사했어요. 세계 최초의 유인 우주비행의 타이틀을 구소련이 가져간 것이죠.

그러자 미국은 1960년대가 지나가기 전에 달에 사람을 착륙시킨다는 계획을 세웠어요. 끝내 1969년 7월 20일에 3명의 우주인을 태운 아폴로 11호가 달에 착륙하는 데 성공했습니다! 그리고 현재는 상업용 우주개발부터 태양계 밖의 우주 탐사까지 가장 앞선 나라가 되었답니다.

모양도 용도도 천차만별인 인공위성

▲ 인공위성의 필수 세요소
인공위성을 발사하고 운영하기 위해 위성체, 발사체, 지상국 모두 제 역할을 하고 있답니다.

인공위성은 그동안 수많은 연구와 개발을 거치며 끊임없이 발전했어요. 스푸트니크 1호 발사 이후 최근까지 1만 기가 훨씬 넘는 수의 인공위성이 발사되었죠. 이것도 10킬로그램이 안 되는 위성은 제외한 수예요.

인공위성은 크게 둘로 구성되어 있어요. 임무를 수행하는 탑재체와 이를 지원하는 위성 본체이죠. 둘을 합쳐 '위성체'라고 부르기도 합니다. 여기에 인공위성을 궤도로 올려놓기 위해 인공위성을 싣고 우주로 날아가는 로켓인 '발사체'와 인공위성이 궤도에서 잘 돌 수 있도록 지상에서 운전해 주는 '지상국'이 있죠. 인공위성을 우주에 띄우고 운영하려면 위성체, 발사체, 지상국 이 셋이 필수랍니다!

▲ 다양한 모양의 인공위성들
인공위성들은 용도에 따라 모양이 각자 다릅니다.

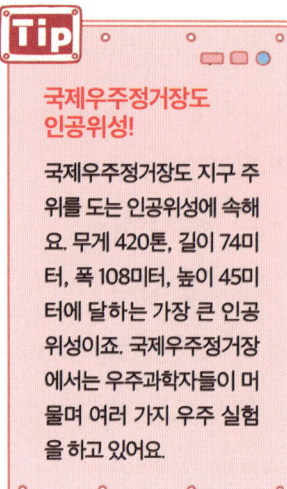

TIP

국제우주정거장도 인공위성!

국제우주정거장도 지구 주위를 도는 인공위성에 속해요. 무게 420톤, 길이 74미터, 폭 108미터, 높이 45미터에 달하는 가장 큰 인공위성이죠. 국제우주정거장에서는 우주과학자들이 머물며 여러 가지 우주 실험을 하고 있어요.

인공위성은 종류가 매우 다양해요. 고도, 크기, 탑재체, 용도, 사람이 탑승했는지 등등 분류하는 기준도 여러 가지죠! 용도에 따라서는 통신위성, 기상위성, 지구관측위성, 과학위성, 항법위성, 군사위성 등으로 분류됩니다. 모양도 가지각색이랍니다. 그림에서 소개한 대로 박스나 육각형 모양도 있고, 태양전지판이 한쪽뿐인 인공위성도 있어요.

용도에 따라 서로 다른 탑재체가 실리기도 해요. 예를 들어 통신위성은 통신중계기와 안테나를 가지고 있지만, 지구관측위성은 광학카메라나 레이더를 가지고 지구 위에 떠 있죠. 또한 기상위성은 구름 영상을 촬영하거나 강수량을 산출할 수 있는 기상센서, 과학위성은 다양한 목적의 과학관측용 검출기와 천문관측용 탑재체 등이 실려 있답니다.

적도 상공에서만 돌 수 있는 인공위성이 있다?

사람, 자동차, 기차, 비행기에도 다니는 길이 있듯 인공위성도 정해진 길이 있어요. 이를 '궤도'라고 합니다. 인공위성은 용도에 따라 서로 다른 궤도를 돌고 있어요. 예를 들어 관측위성은 지구 지표면 영상을 촬영하기 위해 그리 높지 않은 고도 위에 떠 있습니다. 우리나라의 지구관측위성인 아리랑위성 2호는 고도 685킬로미터에서 초속 7.5킬로미터의 속도로 돌고 있죠.

적도 상공에서만 돌아야 하는 위성도 있어요! 바로 고도 3만 6,000 킬로미터의 '정지궤도'를 도는 위성입니다. 정지궤도란 쉽게 말해서 지상에서 볼 때 인공위성이 한곳에 멈춰져 있는 것처럼 보이는 궤도를 말해요. 정지궤도에서는 인공위성이 지구를 한 바퀴 도는 데 24시간이 걸려요. 다시 말해 지구의 자전과 주기가 일치하죠. 한 지점에 머물며 임무를 수행해야 하는 통신위성이나 기상위성이 주로 정지궤도를

▼ 인공위성 궤도별 비행 고도
인공위성들은 용도에 따라 정해진 궤도를 돌고 있어요.
출처: 한국항공우주연구원

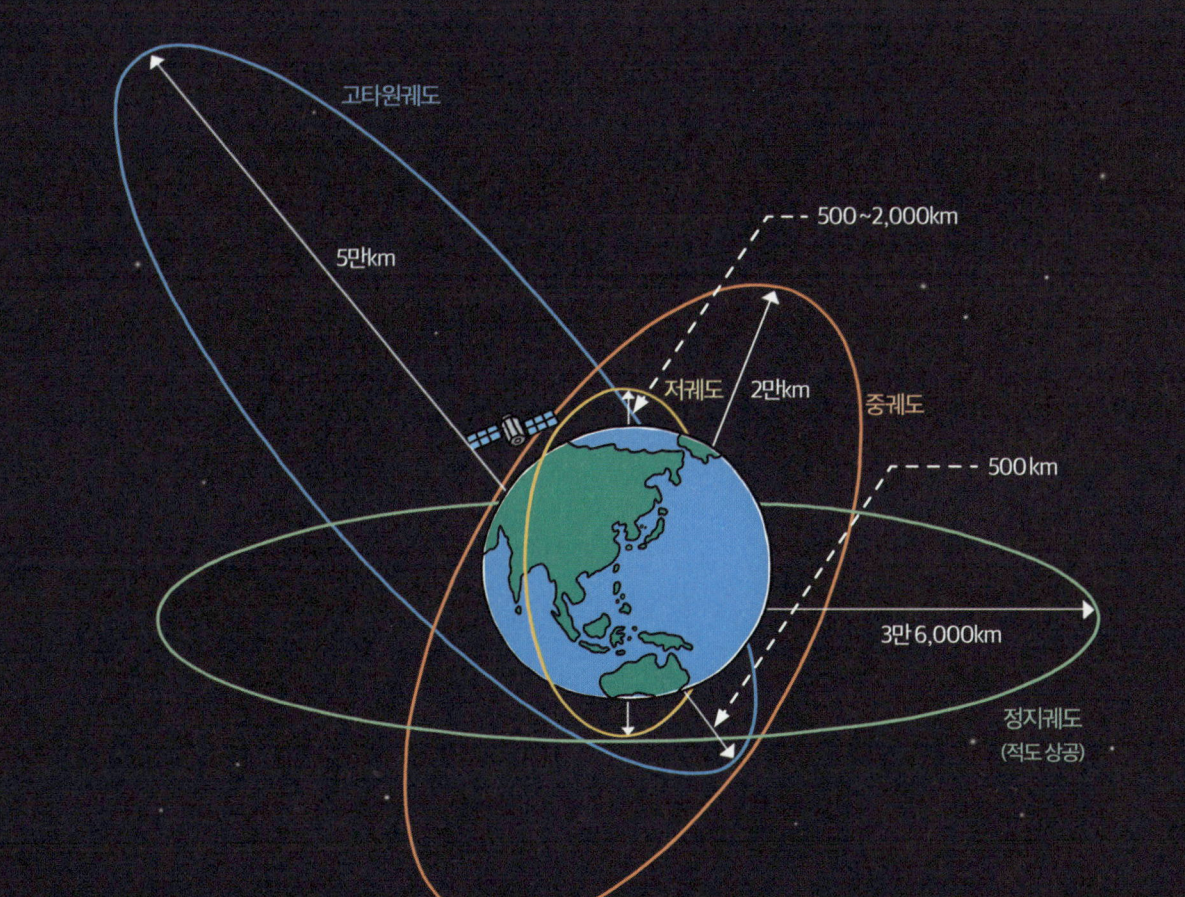

돌고 있답니다.

 정지궤도는 한반도 바로 위가 아니라 우리나라와 가까운 적도 상공에 있습니다. 거기서만 지구의 자전과 주기를 맞추면서 일정한 속도로 돌 수 있기 때문이에요. 서울은 동경 127도에 있지만, 우리나라의 통신위성인 무궁화위성 5호는 동경 113도, 무궁화위성 6호는 동경 116도 위에 있습니다. 적도 상공이죠.

 이러한 정지궤도 위성은 발사도 적도 근처에서 하면 좋습니다. 지구 자전 속도를 이용하면 추진력을 절약할 수 있기 때문이죠. 대표적인 적도 근처 우주발사장으로는 프랑스령 기아나에 있는 꾸르 발사장과 브라질의 알칸타라 발사장이 있죠. 적도 근처의 태평양 해상에도 해상 발사 기지가 건설되어 운영 중입니다.

하나부터 열까지 다른 **인공위성 부품들**

인공위성에는 텔레비전, 자동차, 항공기에 있는 것과 같은 부품들도 사용됩니다. 하지만 우주는 지구와는 다르죠. 진공 상태인 데다가 중력이 거의 없고, 다양한 종류의 방사선도 있거든요. 태양 빛에 따라 물체의 온도가 영하 100도에서 영상 120도까지 매우 커지기도 합니다. 또한 언제 날아들지 모를 우주 파편과 운석도 무시할 수 없죠.

우주에서 고장 나지 않고 잘 움직이려면, 인공위성에는 지상에서 사용하는 것보다 훨씬 좋은 부품이 쓰일 수밖에 없어요. 진공 상태에서 극심한 온도와 방사선을 견뎌 내야 하니까요.

또한 인공위성의 수명에 따라 짧게는 몇 년, 길게는 15년 이상 성능을 유지해야 합니다. 이를 위해 여러 가지 성능시험과 환경시험을 거친다고 하니, 값

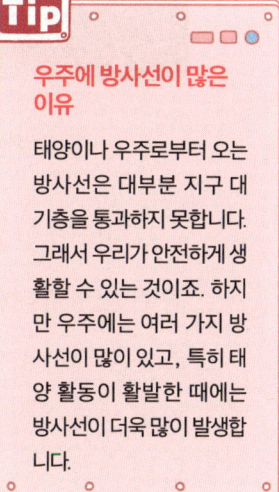

TIP

우주에 방사선이 많은 이유

태양이나 우주로부터 오는 방사선은 대부분 지구 대기층을 통과하지 못합니다. 그래서 우리가 안전하게 생활할 수 있는 것이죠. 하지만 우주에는 여러 가지 방사선이 많이 있고, 특히 태양 활동이 활발한 때에는 방사선이 더욱 많이 발생합니다.

이 훨씬 비쌀 수밖에 없어요. 어떤 부품은 일반용에 비해 수백 배나 더 비싸다고 하네요!

여기서는 인공위성의 부품에 대한 재미있는 이야기를 들려줄게요.

아리랑위성 3A호로 살펴보는 인공위성의 구조

▲ 아리랑위성 3A호
아리랑위성 3A호는 국내 최초로 적외선 센서를 탑재한 위성으로, 밤낮으로 지구를 관측할 수 있어요.
출처: 한국항공우주연구원

그렇다면 인공위성은 어떤 구조로 되어 있을까요? 여기서는 지구관측위성인 아리랑위성 3A호를 통해 알아보도록 하죠. 아리랑위성 3A호는 무게가 1,100킬로그램에 달해요. 주요 구조로는 상부 구조 모듈, 장비 모듈, 추진 모듈, 태양전지판, 위성·발사체 접속 구조물, 탑재체 모듈이 있죠. (모듈은 특정 기능을 하는 부품들을 모아 부르는 말이에요.)

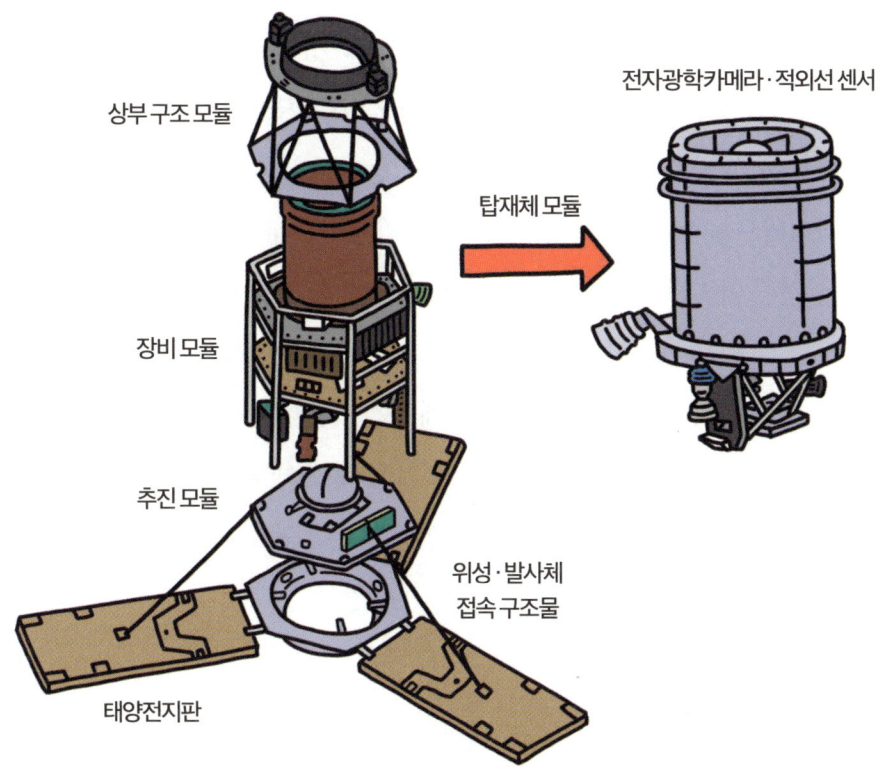

▲ 아리랑위성 3A호의 구조도
인공위성에는 15만 개에서 20만 개에 달하는 부품이 쓰인답니다.
출처: 한국항공우주연구원

　먼저 상부 구조 모듈은 탑재체 모듈을 지지하는 구조입니다. 여기에 들어가는 탑재체 모듈을 통해 지구를 관측하게 되는데요. 탑재체 모듈에는 낮 동안 지상 영상을 촬영할 수 있는 전자광학카메라와 지상 온도 영상을 촬영할 수 있는 적외선 센서가 있습니다.
　상부 구조 모듈 아래에 있는 장비 모듈에는 탑재체가 임무를 수행하는 데 필요한 다양한 부품이 들어 있어요. 자세제어, 전력, 컴퓨터,

통신 관련 등의 부품들이죠. 추진 모듈에는 위성의 궤도를 유지하기 위한 초소형 엔진 관련 모듈이 배치되어 있죠. 또한 위성·발사체 접속 구조물은 위성을 발사체와 연결하는 기능을 합니다.

마지막으로 태양전지판은 고효율 태양전지로부터 위성에 필요한 전력을 만들어 내는 판입니다. 태양전지판은 특히 중요한데, 만약 궤도에서 제대로 펼쳐지지 못하면 태양전지판이 태양을 바라보지 못해 전력을 생산할 수 없기 때문이에요. 태양전지판에서 만든 전력은 장비 모듈의 전력 관련 부품을 통해 인공위성 곳곳에 사용됩니다. 이처럼 각각의 기능이 원활하게 돌아가야 인공위성이 궤도에서 제 역할을 할 수 있답니다.

우주에서 키가 자라는 금속

우주는 지구와 너무 다른 환경이죠? 그래서 우주에서 특이한 현상을 보이는 금속 재료도 있어요. 물론 지상에서도 이러한 현상이 발생하지만 우주에서는 훨씬 더 심각해질 수 있습니다. 우주의 진공과 무중력이라는 조건이 금속에 더 큰 영향을 끼치는 것이죠.

대표적인 금속이 주석이에요. 순수한 상태의 주석은 결정이 자랄 때 수염 같은 것이 생깁니다. 성장한 결정은 전기전도성, 그러니까 전기가 통하는 성질을 갖게 되죠. 수염은 보통 1~2밀리미터의 길이에, 지름도 1~3미크론에 불과해요. 1미크론은 1미터의 100만 분의 1입니다.

하지만 수염이 10밀리미터까지 자라거나 1제곱밀리미터마다 200개의 수염이 자라는 일이 일어났어요. 1946년에 과학자들이 이 현상을 처음 관찰했는데, 주석 말고도 아연, 카드뮴, 은에서도 이런 현상이 일어났죠. 이렇게 되면 전자기판 안에 있는 다른 부품과 주석 결정의 수염이 접촉하면서 합선이 일어나는 등 큰 문제가 생길 수 있어요.

이렇게 결정 안에 수염이 생기는 일은 몇 시간, 심지어 몇 년 있다가 발생한다고도 알려져 있습니다. 문제는 케이블, 커넥터, 볼트, 너트 등의 부품에 부식을 막고 납땜을 편하게 하기 위해 주석 도금을 많이 한다는 거예요. 예전에는 납을 3~7퍼센트 정도 섞었지만, 최근에 환경문제로 납 없이 주석만 사용하면서 걱정거리로 떠올랐습니다.

지상에서는 이러한 문제가 생겨도 잘 관찰해서 적절하게 해결할 수 있어요. 하지만 우주에서는 달리 해결할 방법이 없죠. 최선의 방법은 문제를 일으키는 순수한 상태의 주석을 되도록 사용하지 않는 것입니다. 많은 과학자가 이를 두고 연구를 거듭하고 있답니다.

특별한 곳에서만 발사할 수 있는 인공위성

하늘과 바다에서도 인공위성을 발사한다?

▲ 나로우주센터
나로우주센터는 우리나라의 유일한 우주발사장이자 지상 발사장이랍니다.
출처: 한국항공우주연구원

인공위성은 매우 빠른 속도로 발사해야 지구 중력에 끌어당겨지지 않고 우주로 날아갈 수 있어요. 인공위성을 완성하고 나면 발사체라는 로켓으로 띄워야 해요. 그리고 이 발사체를 발사하는 곳이 바로 '우주발사장'입니다. 흔히 '우주센터'라고 부르기도 해요. 우리나라에는 전라남도 고흥 외나로도 섬에 '나로우주센터'가 있습니다.

대부분의 우주발사장은 육지에 있어요. 발사체와 인공위성을 쉽게 운반할 수 있고, 발사 준비를 위해 기술자들이 편하게 접근할 수 있기 때문입니다. 하지만 발사장이 있는 나라는 그리 많지 않아요. 미국은 케네디우주센터를 비롯해 10여 개, 러시아는 플레세츠크 우주 기지 등 4개의 발사장을 운영하고 있습니다. 중국과 일본은 각각 3개와 2개씩 우주발사장이 있고, 그 외에 인도, 브라질, 오스트레일리아, 캐나다, 이탈리아 등에서 우주발사장을 운영하고 있죠.

이렇듯 대부분 발사체를 지상에서 발사하지만 특별한 곳에 우주발사장을 둔 곳도 많아요. 인공위성의 무게, 궤도, 비용 등 여러 가지를 고려해서 가장 효율적인 방법을 선택하고 있죠. 먼저 러시아의 드네프르 발사체는 지하에서 발사가 이루어졌어요. 원래 냉전시대에 'SS-18'이라는 미사일로 개발되었다가 이후 인공위성 발사를 위해 개조되었기 때문입니다.

미국에서는 지상 발사 외에도 해상 발사와 공중 발사도 하고 있어요. 해상 발사는 적도 근처 태평양의 해상 발사 기지에서 이루어집니다. 북위 0도, 서경 154도에 있는 이 우주발사장에서는 동쪽 방향으로 인공위성을 발사해요. 그러면 지구의 자전 덕분에 초속 0.46킬로미터만큼 속력을 더 내지 않아도 된다고 합니다.

공중 발사는 항공기를 이용해요. 지상에 따로 시설을 두지 않아도 되고, 소음 문제도 줄일 수 있죠. 또한 높은 곳에서 발사하면 공기 저항이 적어서 발사에 필요한 속도가 10~15퍼센트 줄어듭니다. 이 방법으로 240킬로그램의 인공위성을 고도 600킬로미터까지 발사할 수 있어요. 다시 말해 아직까지는 가벼운 인공위성만 공중 발사가 가능합니다.

외국 발사장에서 인공위성을 발사해야 했던 이유

우리나라는 다른 우주개발 선진국과 비교해 손색없을 정도의 인공위성 개발 기술을 가지고 있어요. 하지만 인공위성을 우주로 발사하는 발사체는 더디게 개발되고 있답니다. 발사체 기술은 나라에서 사활을 거는 대단한 기술이라서, 우주개발 선진국들은 외부로 기술이 공개되지 않게 통제하고 있거든요. 그래서 우리만의 힘으로 발사체 기술을 개발해야 하죠.

뒤늦게 발사체 기술 개발에 뛰어든 우리나라는 꽤 오랫동안 우리만의 발사체를 가지고 있지 못했어요. 우리만의 발사체가 없으니 외국 우주발사장에 인공위성을 가져가서 외국 발사체로 발사해야 했죠. 하지만 이런저런 이유로 발사가 늦어지는 일이 생기곤 했어요. 아리랑위성 1호, 2호, 5호가 그런 일을 겪었답니다.

▲ 아리랑위성 5호
우리 발사체가 없던 때에는 인공위성 발사에 우여곡절이 많았어요.
출처: 한국항공우주연구원

이처럼 발사가 지연되면 몇 달 정도는 잘 보관하면 되지만, 6개월이 넘어가면 위성 상태를 점검해야 해요. 실제로 아리랑위성 5호도 2년 넘게 발사가 늦어지는 동안 6개월마다 점검을 받았다고 합니다.

우리 발사체로 발사에 성공한 나로과학위성

2013년 1월에 발사에 성공한 나로과학위성은 대단한 의미를 지닙니다. 우리 땅에서 우리가 만든 위성을 우리 발사체로 발사했기 때문이죠. 바로 '나로발사체'입니다. 나로발사체의 1단은 러시아에서 가져왔지만 2단은 우리나라에서 직접 개발했어요.

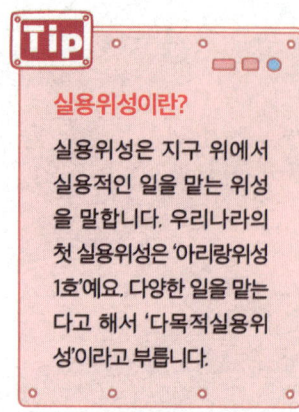

실용위성이란?

실용위성은 지구 위에서 실용적인 일을 맡는 위성을 말합니다. 우리나라의 첫 실용위성은 '아리랑위성 1호'예요. 다양한 일을 맡는다고 해서 '다목적실용위성'이라고 부릅니다.

나로발사체는 100킬로그램의 위성을 지구 저궤도(1,000킬로미터 이하)에 올릴 수 있어요. 나로발사체는 2회의 발사 실패와 1회의 발사 성공으로 더 이상 발사되지 않고 있어요. 하지만 나로발사체를 만들며 얻은 기술 덕분에 누리호를 개발할 수 있었답니다.

누리호는 1.5톤급 실용위성을 지구 저궤도에 발사할 수 있는 한국형 발사체예요. 2022년 6월에 나로우주센터에서 2차 발사에 성공했고, 2023년 5월 25일에는 위성 8기(차세대 소형위성 1기, 큐브위성 7기)를 싣고 3차 발사에 성공함으로써 우리나라 우주개발에 큰 획을 그었답니다.

▲ 발사 중인 누리호
2023년 5월에 누리호는 멋지게 3차 발사에 성공했어요.
출처: 한국항공우주연구원

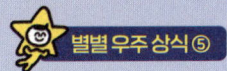 별별 우주 상식 ⑤

우리 주변에 숨어 있는 우주기술

우주기술은 인공위성과 발사체 말고도 일상에서도 쓰이고 있어요. 알게 모르게 우리 주변에는 수많은 우주기술이 숨어 있답니다. 그중 하나가 화재경보기죠!

우주선에서 불이 나면 마땅히 피할 곳이 없으니 큰일이겠죠. 이 때문에 미국은 1970년대에 '스카이랩'이라는 우주정거장을 만들면서 연기를 감지해 화재가 일어났는지 알 수 있는 장치를 만들었답니다. 이게 바로 화재경보기예요. 지금은 우리가 살고 있는 집과 사무실 등에 모두 설치되어 우리의 생명과 재산을 지키고 있죠.

그런가 하면 우주에 간 우주선은 수백 도 이상의 온도 변화를 겪게 돼요. 또한 지구 대기권으로 다시 들어오는 과정에서는 마찰열이 크게 발생합니다. 따라서 단열재가 아주 중요했고, 우주선에는 알루미늄으로 된 단열재가 설치되었죠. 이후 미국의 어느 회사에서 이 단열재를 일반 주택의 단열에 사용할 수 있게 개발했어요. 덕분에 주택의 태양 복사열을 95퍼센트까지 막았답니다.

▲ 화성 정찰 위성(MRO)의 조립 모습
2005년 8월 12일에 발사된 미국항공우주국의 우주선으로, 이처럼 황금색 단열재로 둘둘 싸여 있답니다.
출처: NASA

유모차도 우주기술 덕분에 더욱 좋아졌어요. 우주선의 의자는 매우 특별해야 한답니다. 우주인들은 우주선을 타고 국제우주정거장으로 갈 때 며칠 동안 의자에 앉아 있어야 해요. 또한 우주선을 발사할 때 큰 가속도와 진동이 발생하고, 대기권에 진입할 때도 충격을 받을 수 있습니다. 따라서 편하면서도 안전해야 하죠. 이러한 우주선 의자 기술을 바탕으로 1967년 영국의 항공우주기술자가 훨씬 안전하고 안락한 유모차를 만들었답니다.

마지막으로 우주인들은 시력에도 주의해야 해요. 앞서 설명한 대로 우주에서는 태양으로부터 오는 광선들이 차단되지 않으니까요. 그래서 1980년대에 미국의 제트추진연구소에는 우주선 밖에서 작업하는 우주인의 시력 보호를 위해 자외선 등 유해한 광선을 걸러 주는 분광렌즈를 개발했어요. 이후 분광렌즈는 우리가 쓰는 선글라스에도 적용되었죠.

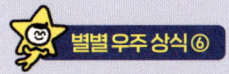

인공위성도 사람처럼 보험을 든다

인공위성도 사람과 마찬가지로 보험을 듭니다. 고장이 날 수도 있고, 발사체가 인공위성을 원하는 궤도에 올려 주지 못할 수도 있으니까요. 다시 말해 인공위성의 일부 기능이 망가지거나 인공위성이 아예 아무 일도 하지 못할 때를 대비해 보험을 드는 것이죠. 또한 인공위성 설계와 발사에도 큰돈이 들어가기 때문에 위성 발사 전에 일어날 사고에 대비해서도 보험을 따로 들어 놓습니다.

보험을 들더라도 발사에 문제가 생겼을 때마다 보험금을 모두 받을 수 있는 건 아니에요. 보험사에서 발사체 제조사의 성공 가능성과 인공위성 제조사의 성공 가능성 등을 고려해 보험요율(보험료 비율)을 정하기 때문입니다. 만약 모든 절차와 과정을 잘 지켰음에도 완전 실패를 한다면 최초 개발비용의 50퍼센트 정도를 보험금으로 받을 수 있다고 해요(물론 가입 조건에 따라 달라질 수 있습니다). 이 돈으로 위성을 다시 제작하고 발사하는 것이죠.

그렇다면 완전 실패란 무엇일까요? 완전 실패는 인공위성이 발사체에서 분리되기도 전에 폭발할 때, 발사체로부터 분리되긴 했지만 인공위성이 궤도를 벗어나 사라졌을 때를 말합니다. 여기에 지구관측위성이라면 촬영한 영상의 품질이나 분량이 크게 떨어지는 등 제대로 임무를 수행하지 못할 때에 해당됩니다. 반면 부분 실패는 인공위성이 정상 궤도에 진입하지 못해 위성체가 갖고 있는 연료를 더 써서 궤도에 진입할 때를 주로 일컫습니다. 이러면 예상했던 것보다 연료가 적게 남아 수명이 줄어들 테니까요.

　우리나라는 1995년에 발사된 통신방송위성인 무궁화위성 1호가 부분 실패 때문에 보험금을 받았어요. 미국의 델타Ⅱ 발사체가 인공위성을 정상 궤도까지 진입시키지 못해 위성의 연료를 더 써야 했거든요. 그래서 원래 예상했던 수명은 10년이었지만, 4년 4개월로 단축되고 말았답니다.

4장

이건 몰랐지?
인공위성의 비밀

이제 우리의 삶과는 떼려야 뗄 수 없는 인공위성에는 그동안 잘 알려지지 않았던 이야기도 엄청 많답니다. 특히 요즘 우주과학자들은 수명이 다한 인공위성을 어떻게 해결해야 할지 고민이 많아요. 임무를 다 끝내고도 우주에 계속 머무르면서 결국 우주 쓰레기가 되기 때문이죠. 그 밖의 놀라운 이야기도 한번 만나 보기로 해요.

인공위성과 발사체가 환경오염을 일으킨다고?

인공위성은 물론이고 인공위성이나 우주 탐사선을 우주로 보내는 발사체에는 연료가 필요합니다. 인공위성과 발사체 연료는 얼마나 효율적으로 사용할 수 있느냐도 중요하지만, 환경오염도 무시할 수 없어요. 아무리 잘 만들고 대비하더라도 인공위성 발사가 실패해서 지구에 떨어져 환경오염을 일으키면 안 되니까요. 실제로 인공위성 추락으로 드넓은 지역이 오염된 일이 있었습니다.

원자력 발전으로 인공위성을 움직인다면

원자력 발전을 이용하면 작은 무게로도 전기를 많이 만들어 낼 수 있죠. 인공위성이나 우주 탐사선에 사용한다면 연료 무게를 줄이고 수십 년 동안 우주에서 움직이게 할 수 있을 겁니다. 하지만 아주 큰 문제가 있답니다. 바로 환경오염이죠.

▲ 코스모스 954호가 추락한 지역
이 사고로 원자력 발전 위성에 대한 경각심이 더욱 커졌죠.

1978년 1월 24일, 구소련의 인공위성이자 원자력 발전 위성인 코스모스 954호가 캐나다 서북부 지역에 추락하며 주변을 오염시켰어요. 우라늄235를 사용하던 소형 원자로 때문이었죠. 우주로 발사되고 나서 4개월 동안 통제되지 않던 이 인공위성은 결국 추락해서 캐나다 앨버타주와 서스캐처원주 일대를 핵물질로 오염시키고 말았습니다. 이로 인해 600만 달러 이상의 비용을 들여 오염물질을 제거해야만 했죠.

이처럼 원자력 발전을 이용하면 발사 중이나 궤도에서 문제가 발생했을 때, 또는 지구로 다시 진입할 때 심각한 환경오염을 일으킬 수 있어요. 따라서 지구 궤도에서는 원자력 발전기가 매우 제한적으로 사용되었고, 현재는 거의 쓰이지 않습니다. 하지만 달 표면에서는 원자력 발전기가 적극적으로 사용되고 있어요. 낮과 밤이 각각 15일씩 지속되

카시니호가 이룬 업적

1997년 지구를 출발한 토성 탐사선인 카시니호는 2004년에 토성 궤도에 도착해 다양한 발견을 해냈어요. 그중 하나는 토성 위성인 타이탄에 메테인으로 이루어진 호수와 강이 있다는 사실이었죠. 생명체가 존재할 가능성이 높다는 증거랍니다.

어 밤에는 태양전지를 이용해 전력을 만들어 내기 어렵기 때문이죠.

또한 지구나 달보다 훨씬 멀리 나아가고 있는 파이오니어호, 보이저호, 갈릴레오호, 율리시스호, 카시니호, 뉴호라이즌스호와 같은 우주 탐사선에도 원자력 발전기가 달려 있습니다. 아무래도 태양으로부터 점점 멀어져야 하니 원자력 전지나 원자력 추진 등 원자력을 이용한 방법을 쓸 수밖에 없다고 하네요.

▲ 카시니호
카시니호는 원자력 전지 덕분에 20년간 임무를 훌륭히 마쳤답니다.
출처: NASA/JPL

발사체 연료는 어떤 것이 좋을까?

발사체는 연료를 태워 압력 높은 가스를 만들어 내고, 이를 매우 빠른 속도로 배출하면서 얻는 반작용의 힘으로 날아가요. 따라서 연료가 매우 중요한데, 어떤 연료를 쓰느냐에 따라 지구 환경에 영향을 줄 수 있죠. 현재 발사체에 가장 많이 사용되는 연료로는 액체수소, 등유, 메테인 등이 있습니다. 이 가운데 탄소를 배출해 환경오염을 일으킬 수도 있는 연료는 무엇일까요?

먼저 액체수소는 탄소를 배출하지 않아요. 하지만 수소는 폭발성도 높고 액체로 만들어 유지하려면 영하 250도 정도의 상태에 있어야 하죠. 이러한 번거로움 때문에 사용하기를 꺼리기도 하지만, 이미 기술이 잘 개발되어 있어서 사용할 때 큰 문제는 없다고 하네요.

환경오염을 일으키는 연료는 바로 등유예요! 등유를 사용하면 아주 많은 탄소가 배출됩니다. 스페이스X의 팔콘9가 등유를 사용하고 있는데

▲ 스페이스X의 팔콘9
팔콘9는 등유의 일종인 케로신을 연료로 사용합니다.
출처: NASA

발사체 상승을 위해 1단 엔진이 연소하는 약 165초 동안 이산화탄소가 무려 116톤이나 나온다고 해요. 이는 자동차 1대가 69년 동안 배출하는 온실가스 양과 맞먹는 정도입니다.

마지막으로 메테인 연료는 현재 활발하게 개발되고 있어요. 대표적인 곳이 스페이스X입니다. 달과 화성에 가기 위해 개발 중인 '스타십'이라는 발사체에 메테인 연료 엔진을 사용하려고 개발하고 있죠. 메테인을 사용하면 온실가스가 거의 발생하지 않아요! 또한 최근에는 여러 국가나 기관 등에서 온실가스를 줄이기 위해 바이오 연료를 사용하는 엔진들을 개발하고 있습니다.

수명이 다한 인공위성은 어떻게 될까?

인공위성의 수명은 임무, 궤도, 부품의 성능 등에 따라 달라집니다. 보통 고도 1,000킬로미터쯤에 있는 저궤도 위성의 수명이 5년이고, 고도 3만 6,000킬로미터에 있는 정지궤도 위성은 10~20년 정도입니다. 최근에는 우주기술이 발전해서 설계한 수명보다 길게 사용해도 대부분 잘 고장 나지 않는답니다.

하지만 이보다 일찍 수명이 끝나는 인공위성도 있어요. 아무리 잘 설계하고 만들었다고 해도 우주에서 고장이 날 수도 있고, 연료가 일찍 동날 수도 있거든요.

왜 연료가 떨어지면 인공위성의 수명이 끝날까요? 인공위성은 임무를 수행하려면 정해 놓은 궤도와 위치에서 원하는 방향을 바라봐야 해요. 이를 돕는 부품이 '추력기'인데, 이 추력기를 사용하려면 연료가 필요합니다. 그래서 연료가 떨어지면 정상적으로 임무를 할 수 없죠.

아무튼 이런저런 이유로 인공위성이 멈춰 버리면 우주에 가서 고칠 수 없어서 난감합니다. 이 때문에 많은 과학자가 이를 해결하기 위한 방법을 연구하고 있어요.

인공위성을 불태워서 처리한다고?

 수명이 다한 인공위성을 처리하는 방법은 다양합니다. 특히 궤도에 따라 달라지는데요. 우선 저궤도 위성은 수명 종료 후에도 궤도에 그대로 두고 있습니다. 처리하는 데 돈이 많이 들기 때문이에요.
 이렇게 수명이 다한 저궤도 위성을 궤도에 그대로 두어도 문제가 없을까요? 한번 정해진 인공위성의 방향과 속도는 대부분 일정해요. 단지 지구의 중력으로 고도가 내려가거나 태양풍과 같은 외부 영향 때

▼ 저궤도 위성을 태우는 방법으로 우주쓰레기양을 크게 줄일 수 있다고 합니다.

문에 운행 궤도가 조금씩 달라질 뿐이죠. 다시 말해 서로 충돌할 가능성은 적은 편입니다. 하지만 모든 인공위성이 같은 속도와 방향으로 돌고 있진 않기 때문에 아예 충돌하지 않는다고 볼 수는 없어요.

그래서 최근에는 수명이 다한 저궤도 위성을 그대로 두는 방법이 아닌 다른 방법도 논의하고 있어요. 그중 하나가 저궤도 위성을 지구 대기권으로 끌어내려 태워 버리는 방법입니다.

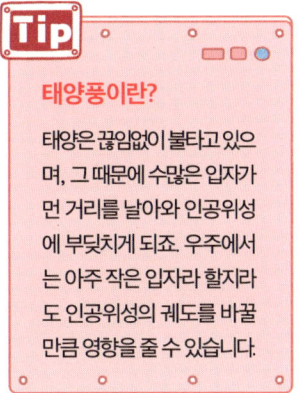

태양풍이란?

태양은 끊임없이 불타고 있으며, 그 때문에 수많은 입자가 먼 거리를 날아와 인공위성에 부딪치게 되죠. 우주에서는 아주 작은 입자라 할지라도 인공위성의 궤도를 바꿀 만큼 영향을 줄 수 있습니다.

무덤궤도로 떠나는 정지궤도 위성

혹시 '무덤궤도'라고 들어 봤나요? 무덤궤도는 정지궤도에서 수명이 다했거나 연료가 떨어져 제어하지 못하게 된 정지궤도 위성들을 보관해 두는 곳입니다. 손쉽게 처리할 수 있을 때까지 무덤궤도에 인공위성을 임시로 보관하는 것이죠.

그렇다면 수명이 다한 정지궤도 위성은 왜 저궤도 위성과 달리 다른 궤도로 이동해야 할까요? 적도 상공에 위치해 있는 정지궤도 위성은 수명이 다했을 때 새로운 인공위성으로 대체해야 임무를 다시 수행할 수 있어요. 다시 말해 새로운 인공위성을 발사해서 정지궤도로 올려놓기 위해 수명이 다한 인공위성을 원래 높이보다 높은 위치에 보내는 것이죠.

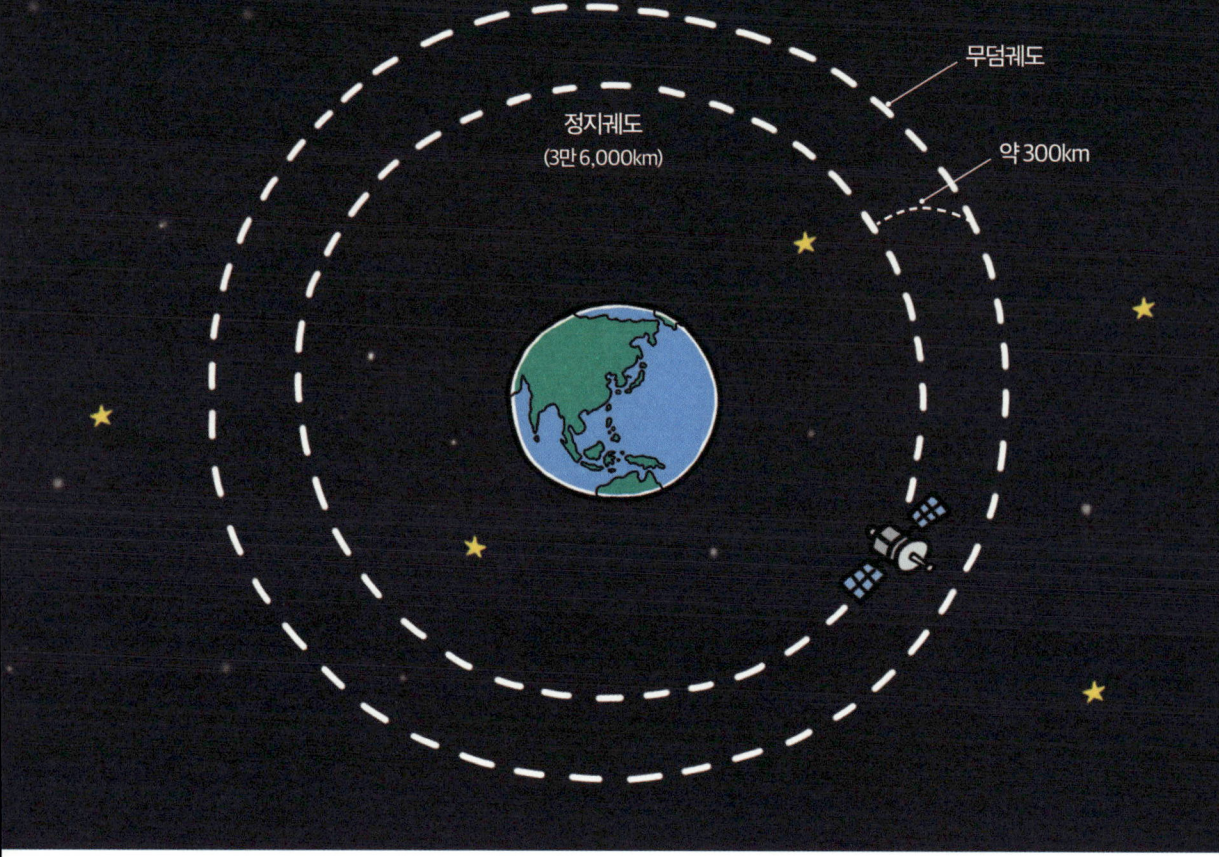

▲ 무덤궤도의 위치
무덤궤도는 정지궤도보다 높이 위치해 있어요.

　무덤궤도는 정지궤도보다 300킬로미터 높은 곳에 있어요. 이 위치에서는 태양, 지구, 달이 끌어당기는 힘이 거의 평형을 이루죠. 그래서 인공위성이 늘 그 높이에서 돌게 됩니다.

인공위성의 수명을 늘릴 수 있다면

우주쓰레기에서 다시 인공위성으로!

　수명이 다한 인공위성들은 더는 아무런 역할도 할 수 없어서 우주쓰레기로 남게 됩니다. 문제는 이러한 수명 종료 인공위성이 점점 많아져서 다른 인공위성과 충돌할 가능성이 매우 높아졌다는 거예요. 앞서 소개한 저궤도 위성을 지구 대기권까지 끌어내려 태우는 방법이나 정지궤도 위성을 무덤궤도로 보내는 방법도 이 때문에 등장했죠. 이러한 방법도 중요하지만 인공위성의 수명을 늘린다면 우주쓰레기 문제를 어느 정도 해결할 수 있겠죠? 그래서 최근에는 과학자들이 인공위성의 수명을 연장하는 방법을 활발하게 연구하고 있답니다.
　먼저 연료가 떨어져서 수명이 다한 인공위성에는 어떤 아이디어가 있을까요? 새로운 인공위성이 수명 종료 인공위성의 엔진 분사구에 결합해 추진력을 제공하면 수명을 늘릴 수도 있다고 해요. 인공위성에 로봇을 싣고 가서 로봇을 통해 수명 종료 인공위성에 연료를 넣는 방법도 있습니다.

그렇다면 고장 나서 멈춰 버린 인공위성에는 어떤 아이디어가 등장했을까요? 먼저 로봇팔이 달린 인공위성으로 고장 난 부분을 수리하거나 궤도를 벗어난 인공위성을 원래 위치로 끌고 오는 방법이 있습니다. 또는 로봇에 부착된 내시경을 통해 고장 난 위성 내부를 조사해서 수리하는 방법도 있죠. 마지막으로 이미 폐기된 인공위성의 부품들을 조합해 새로운 인공위성을 만드는 방법도 연구되고 있어요.

상상만 해도 정말 흥미진진해 보이지 않나요? 훗날 이런 방법이 가능해진다면 우주쓰레기 문제도 해결하고, 인공위성에 드는 비용도 줄일 수 있을 거예요!

우주에 떠 있는 인공위성을 위한 또 다른 인공위성들

실제로 우주에 떠 있는 인공위성의 수명을 늘리는 인공위성이 개발되었다고 해요! 스페이스로지스틱스라는 우주개발업체가 개발한 임무 연장 위성 'MEV-1'입니다. 정지궤도 위성에 연료를 직접 공급하는 대신 인공위성과 결합해 궤도와 위치를 제어할 수 있는 위성이라고 해요.

MEV-1은 2019년 10월 9일 발사되어 3개월에 걸쳐 '인텔샛 901'에 접근했어요. 인텔샛 901은 2001년에 발사된 정지궤도 통신위성으로 13년간의 임무를 마치고 연료가 떨어져 수명이 종료된 상태였습니다.

▲ 인텔샛 901과 MEV-1
인공위성의 수명을 늘릴 수 있다니, 정말 대단한 기술이네요!
출처: INTELSAT

    2020년 2월 25일에 인텔샛 901과 도킹한 MEV-1은 인텔샛 901이 다시 임무를 할 수 있게 제어하는 데 성공했답니다. MEV-1 덕분에 인텔샛 901은 처음엔 수명이 5년 정도 늘어났다가, 이후 추가로 2년 더 늘어날 수도 있어요.

    훗날 수명이 다한 인텔샛 901도 다른 정지궤도 위성처럼 무덤궤도로 가게 되겠죠. 하지만 인텔샛 901의 수명을 연장하는 데 매년 들어가는 비용은 새로운 인공위성을 발사해서 운영하는 데 드는 돈의 절반 수준이라고 합니다. 돈을 충분히 아낄 수 있는 것이죠. 그리고 MEV-1은 임무가 끝나면 다시 새로운 인공위성을 찾아 그 인공위성의 수명을 연장시킨다고 합니다. MEV-1에는 2톤급의 위성을 15년간 제어할 수 있는 연료가 들어 있거든요.

인공위성, 꽤나 예술적인걸?

인공위성으로 밝게 빛나는 별을 만들다?

인공위성의 역할은 단순히 과학 탐사에만 머무르지 않습니다. 많은 사람이 인공위성의 역할을 예술까지 넓히고 있지요. 한번 알아볼까요?

▲ 마야크 인공위성
반사경으로 이루어진 사면체 위성으로 태양 빛을 반사해 빛나는 구조입니다.
출처: Mayak project

2017년 7월 14일 러시아 모스크바 폴리텍 대학의 학생들은 '마야크'(Mayak)라는 인공위성을 발사했습니다. 이것은 큐브위성 3개를 연결한 크기의 인공위성으로 빛을 반사해 밤하늘에서 가장 반짝이는 별을 만들고자 했죠. 정상적으로 발사된 것 같아 보였는데, 빛을 반사시키는 대형 돛은 펼치지 못했다고 합니다.

마야크 인공위성처럼 밝은 빛을 갖는 인공위성은 누군가에겐 큰 문제가 될 수 있어요. 우주를 감시하는 기관과 우주쓰레기에 골머리를 앓는 국제기구 입장에서는 신경 써야 할 게 늘어나는 셈이니까요. 그럼에도 이 인공위성은 예술 활동의 장을 우주로 넓혔다는 점에서 큰 의의가 있습니다.

인공위성으로 빛을 반사해 새로운 작품을 만들려는 시도는 또 있었어요. 2018년 12월에는 미국의 예술가 트레버 페글렌이 '궤도 반사 장치'(Orbital Reflector)라고 하는 작은 인공위성을 팔콘9 발사체에 실어 발사했어요. 원래는 궤도에서 30미터 크기의 다이아몬드 모양으로 펼쳐져 지구에 햇빛을 반사할 계획이었죠. 하지만 미국 정부의 개입으로 제대로 펼쳐지지도 못한 채 발사 35일 만에 통신이 중단되었답니다.

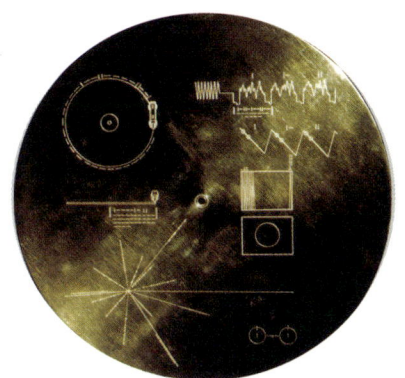

▲ 보이저 1호의 골든 디스크
보이저 1호는 약 7만 년 후에 태양계의 이웃 별인 알파 켄타우리를 통과한다고 해요.
출처: NASA

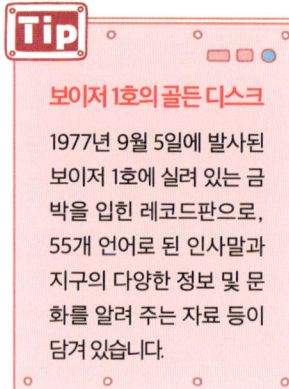

보이저 1호의 골든 디스크

1977년 9월 5일에 발사된 보이저 1호에 실려 있는 금박을 입힌 레코드판으로, 55개 언어로 된 인사말과 지구의 다양한 정보 및 문화를 알려 주는 자료 등이 담겨 있습니다.

이전에도 페글렌은 2012년 11월에 지구 역사를 통틀어 선정한 대표 사진 100장을 실리콘 디스크에 저장한 다음, 통신위성인 에코스타 16호에 실어서 발사하기도 했어요. 마치 타임캡슐처럼 지구의 역사를 우주에 간직한 것이죠. 우주 탐사선 보이저 1호에 실려 태양계 밖으로 떠난 골든 디스크와 달리 이 실리콘 디스크는 지구 가까이에 머물러 있습니다.

인공위성 덕분에 찾아낸 사라진 유적들

인류는 수많은 역사를 거쳐 왔습니다. 하지만 문자가 발명되고 문화가 발전했다 하더라도 썩지 않는 점토판이나 비석에 새겨 놓지 않는 한 그 흔적을 찾기가 매우 어렵죠. 대표적인 곳이 트로이 유적과 폼페이 유적입니다. 트로이와 폼페이는 고대에 있던 도시예요. 트로이는 먼 옛날 지진 때문에 묻혀 버렸고, 폼페이는 기원후 79년에 베수비오 화산이 폭발하며 도시 전체가 사라지고 말았죠. 이러한 유적들은 고고학자들의 끊임없는 노력을 통해 발견되었습니다.

최근에는 이러한 유적을 찾아내 잊힌 역사를 되살리는 일에 인공위성이 본격적으로 나서고 있다고 합니다. 위성 영상을 통해 유적지를 알아보고, 어디를 어떤 방법으로 발굴할지 파악할 수 있게 돕는 것이죠. 실제로 구글 위성 영상을 통해 강줄기 흔적과 주변 주거 흔적을 알

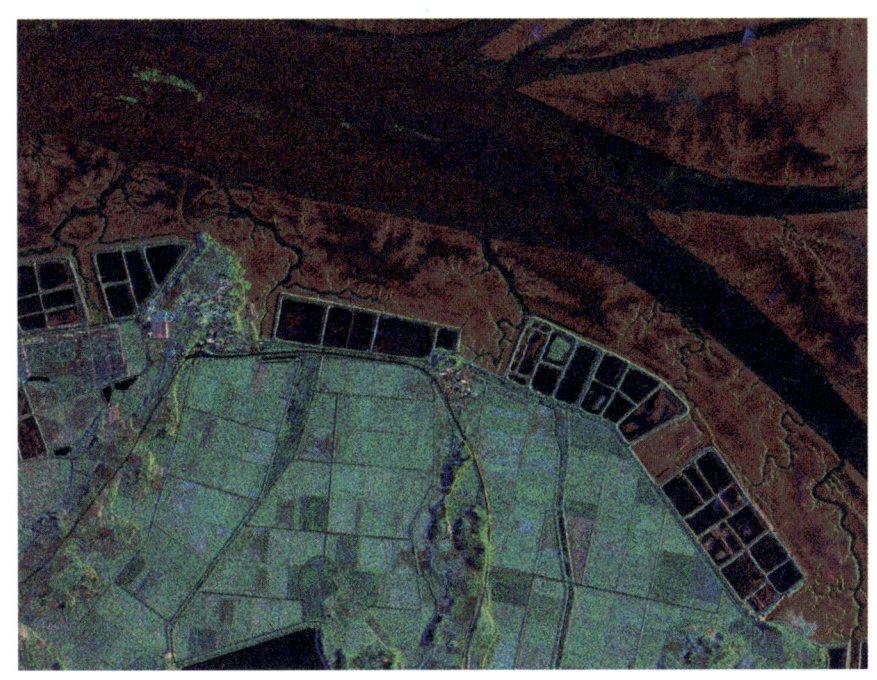

▲ 아리랑 5호가 촬영한 곰소만 지역
이처럼 선명한 위성 영상을 통해 지표 밑에 있는 유적지도 찾아낼 수 있어요.
출처: 한국항공우주연구원

아낸 적이 있답니다.

그렇다면 인공위성이 촬영한 영상을 통해 유적지를 어떻게 찾을 수 있을까요? 만약 땅속에 유적지로 추정되는 빈 공간이 있다면 적외선 영상을 통해 온도 차이로 그 구조나 형태를 알아낼 수 있다고 해요. 또한 레이더 영상으로는 지표면을 투과해 내부 구조를 영상으로 만들고, 이를 통해 유적지인지 아닌지 판별할 수 있습니다. 우리나라의 아리랑위성 5호 역시 레이더를 이용해 지표면 밑에 숨어 있는 싱크홀이나 내부가 비어 있는 고대 유적을 제한적으로 찾아낼 수도 있다고 합니다.

　실제로 미국 알라바마 대학교의 사라 파캑 교수는 적외선 영상을 이용해 이집트에서 피라미드로 추정되는 유적지와 무덤을 비롯해 주택지를 찾아냈어요. 또한 '글로벌엑스플로러'(GlobalXplorer)라는 홈페이지에서는 페루 지역의 위성 영상을 공개하여 누구든지 이 영상으로 유적지를 찾아볼 수 있도록 제공하고 있습니다. 관심이 있다면 한번 해당 홈페이지를 방문해 보면 좋을 것 같네요.

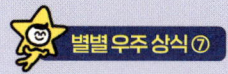 별별 우주 상식 ⑦

안타까운 인공위성 사고들

인공위성을 개발하고 발사하기까지 수많은 사람이 절차를 꼼꼼히 지키고 있지만, 그럼에도 예기치 못한 사고가 종종 발생하기도 해요. 특히 인공위성처럼 큰돈이 들어가는 우주개발에는 사소한 실수도 큰 손실을 불러일으킬 수 있죠. 어떤 사고들이 있었는지 알아볼까요?

먼저 만드는 과정에서 인공위성이 넘어지고 만 사고입니다! 2003년 9월 6일 캘리포니아주 서니베일에 위치한 록히드마틴사의 인공위성 조립실에서 있었던 일이죠. 넘어진 인공위성은 조립을 거의 완료한 미국의 기상위성 'NOAA'였어요. 커다랗고 무거운 인공위성이 어떻게 넘어지게 된 걸까요?

이 인공위성이 넘어진 이유는 전날 인공위성을 조립하던 작업자가 고정장치의 고정나사를 조이지 않고 퇴근했기 때문이라고 해요. 그다음 날 출근해서 다른 작업자가 인공위성을 다른 시험 시설로 옮기려다 그만 인공위성이 넘어진 것이죠. 이 사고로 인공위성의 발사일도 늦어지고, 수리비만 해도 우리나라 돈으로 1,400억 원이나 나왔다고 합니다. 정말 엄청난 실수였네요.

이번엔 인공위성을 발사하다 일어난 실수예요. 2017년 11월 28일 러시아의 기후위성과 여러 나라의 소규모 위성 18개를 탑재한 발사체가 발사 직후에 모두 사라지고 만 것이죠. 사고 원인을 조사해 보니 발사장 좌표를 잘못 입력한 탓이었어요.

사고가 일어나기 얼마 전에 러시아가 시베리아 아무르 지역에 보스토치니 발사장을 건설했는데, 이 발사장 좌표가 아닌 이전 발사장 좌표가 입력된 것이죠. 잘못된 좌표 때문에 이 발사체는 엉뚱한 방향으로 비행하다 결국 우주로 향하지 못하고 대기권으로 진입해 추락했답니다.

이런 안타까운 사고들이 다시 한번 일어나면 안 되겠죠? 따라서 과학자들은 사고 원인을 철저히 분석하고, 사고가 또 일어나지 않게 주의하고 있답니다.

▲ 인공위성을 개발할 때는 자칫하다 큰 사고로 이어질 수 있으니 엄청난 주의가 필요해요.

5장
지구를 떠나 우주에서 살아간다면

요즘 달 탐사선에 대한 소식이 자주 들려오죠? 냉전이 끝나고 잠시 주춤했던 달 탐사는 최근 들어 다시 활발해지고 있답니다. 2023년 8월에는 인도의 찬드라얀 3호가 세계 최초로 달 남극에 착륙하기도 했죠. 또한 환경오염으로 인류 이주에 대한 필요성이 커지면서 화성 탐사도 더욱 중요해졌답니다. 미래에는 인류가 정말 우주에서 살아가게 될까요?

탐사하고 또 탐사하고, 달이 중요한 이유

1969년 아폴로 11호부터 1972년 아폴로 17호까지, 그동안 유인 달 탐사는 여섯 차례 이루어졌어요. 총 12명의 우주비행사가 직접 달에 가서 암석 같은 시료를 채취하고 사진도 촬영했죠. 그동안 충분히 탐사한 것 같지만, 오히려 최근 들어 미국과 중국을 비롯해 여러 국가에서 더욱 적극적으로 달 탐사에 나서고 있답니다. 자세히 살펴보도록 하죠.

21세기에 들어 달 탐사는 놀

◀ 인류 최초로 달을 밟은 우주비행사
아폴로 11호에 탑승했던 우주비행사 닐 암스트롱은 '달을 밟은 첫 인간'이라는 타이틀을 얻었답니다.
출처: NASA

라운 방향으로 연구되고 있어요. 달의 지형과 자원을 탐사하는 목적은 예전과 같지만, 지금은 달에 기지를 세우거나 달 궤도에 우주정거장을 띄우려고 하고 있죠. 달 기지와 달 궤도 우주정거장이 생긴다면 달의 자원을 더욱 효과적으로 탐사하고, 달을 중간 거점으로 해서 더 먼 우주로 나아갈 수 있다고 합니다. 그렇다면 어떤 나라들이 달 탐사에 적극적으로 나서고 있을까요?

우주개발 강국들의 치열한 달 탐사 경쟁

우주개발은 제2차 세계대전 이후 급속도로 발전했어요. 한동안 우주개발은 미국과 구소련이 주도했습니다. 유럽의 여러 나라는 전쟁으로 황폐해진 경제와 기반 시설을 복구해야 해서 뒤늦게 뛰어들었죠. 특히 구소련이 스푸트니크 1호를 발사하자 냉전 시대에 구소련과 경쟁 중이던 미국도 우주개발에 매진해 많은 성과를 올렸습니다. 오늘날에는 미국과 러시아 외에 중국과 인도 등 새로운 우주개발 강국이 등장하면서 우주개발 경쟁이 더욱 치열해지고 있답니다.

먼저 미국은 2017년부터 '아르테미스 프로젝트'라는 이름으로 새로운 달 탐사를 계획하고 있어요. 2022년에 달 궤도를 왕복하고, 2026년에는 최초의

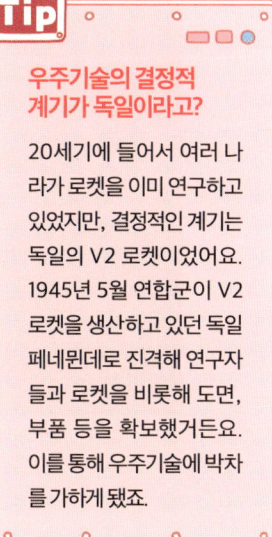

Tip

우주기술의 결정적 계기가 독일이라고?

20세기에 들어서 여러 나라가 로켓을 이미 연구하고 있었지만, 결정적인 계기는 독일의 V2 로켓이었어요. 1945년 5월 연합군이 V2 로켓을 생산하고 있던 독일 페네뮌데로 진격해 연구자들과 로켓을 비롯해 도면, 부품 등을 확보했거든요. 이를 통해 우주기술에 박차를 가하게 됐죠.

여성 비행사가 달에 착륙하고, 2028년까지 달 궤도 우주정거장을 완성할 예정이라고 해요. 또 2029년에는 달에 사람들이 머무는 유인 우주 기지를 세울 계획이라고 합니다. 더 나아가 화성까지 탐사할 계획이랍니다. 실제로 2022년 11월에 무인 우주 탐사선인 아르테미스 1호가 달 궤도를 왕복하는 데 성공했죠. 아직까지는 아폴로 우주선만 유인 착륙에 성공했어요.

▲ 우주로 발사되는 아르테미스 1호
아르테미스 1호의 지구 귀환 성공으로, 아르테미스 프로젝트는 더욱 활기차게 진행되고 있어요.
출처: NASA/Keegan Barber

러시아는 구소련 해체 이후 재정적인 어려움을 겪으며 한동안 우주개발에 뒤쳐졌지만 다시 우주개발에 속도를 내고 있어요. 2031년 유인 달 착륙을 계획하고 있으며, 이를 위해 2023년부터 우주비행사 4명을 태울 수 있는 '페데라치야'라는 우주선을 개발하고 있다고 합니다. 또 다른 우주개발 강국인 일본도 2023년 9월 달 착

▲ 주요 달 탐사선 착륙 지점
달 뒷면과 남극 등, 그전까지 시도하지 않았던 곳까지 착륙하는 데 성공했답니다.
출처: NASA

류선인 슬림을 발사하여 2024년 1월에 달 표면에 착륙했죠.

중국은 그동안 달 탐사선을 여럿 발사했습니다. 2007년 11월 창어 1호를 시작으로, 2013년 12월 14일에 창어 3호가 달에 착륙했죠. 2018년 12월 8일에 발사한 창어 4호는 2019년 1월 3일 세계 최초로 달 뒷면에 착륙하는 데 성공했어요. 2020년 12월에는 달에서 채취한 시료를 지구로 보내기도 했답니다. 중국은 2035년까지 달 기지를 건설하고 2036년에는 달에 우주인을 거주하게 할 계획이라고 하네요.

마지막으로 유럽우주국은 2040년까지 달의 남극에 '문 빌리지'라는 이름의 기지를 건설하고, 약 100명의 탐사대원을 머물게 한다는 계획을 세워 놓았어요. 달 남극은 태양 빛을 꾸준히 받고 있기 때문에 태양전지판을 설치하면 전력을 효과적으로 얻을 수 있을 거라고 해요.

또한 유럽우주국은 '달빛 구상' 계획도 발표했어요. 달 궤도에 통신과 항법을 제공하는 인공위성을 배치하는 계획으로, 성공한다면 통합된 인공위성 네트워크망을 제공하고, 달 탐사에 들어가는 비용도 낮출 수 있다고 합니다.

달 궤도 우주정거장, 루나 게이트웨이

앞서 소개한 미국의 아르테미스 프로젝트에 등장하는 '달 궤도 우주정거장'의 이름은 루나 게이트웨이입니다. 2027년에 완공될 예정인 루나 게이트웨이는 화성을 비롯해 더 먼 우주로 나아가기 위한 전진기지가 될 거라고 해요.

루나 게이트웨이가 생기면 우선 연료 걱정을 덜 수 있어요. 우주선에 달까지 가는 연료만 실어도 루나 게이트웨이에서 연료를 채우면 되니까요. 미국은 이를 통해 2030년대에 화성에 사람을 보낸다는 계획을 추진하고 있습니다. 인류의 새로운 거주지를 확보하기 위해서죠.

루나 게이트웨이는 미국이 주도하고 여러 나라가 참여하여 건설하고 있어요. 현재 계획으로는 3.91미터의 길이에, 무게는 4톤이고, 달로부터 근지점 3,000킬로미터, 원지점 7만 킬로미터 높이에서 7일을 주기로 달 주위를 돈다고 합니다. 125입방미터의 거주 공간에 4명이 상주할 수 있죠. 민간기업인 스페이스X는 국제우주정거장으로의 화물 및 우주인 운송, 달 기지 건설, 지구 저궤도를 비롯한 달 궤도 관광 등 다양한 사업을 추진하고 있어요. 2020년대 초반에 민간인의 달 여행을 실현하고 2020년대 후반까지 유인 화성 탐사선을 발사할 계획이었으나 조금씩 지연되고 있죠. 궁극적으로는 화성에 인류의 영구적인 주거지를 건설할 계획이라고 합니다.

▼ 루나 게이트웨이
루나 게이트웨이는 훗날 더 먼 우주로 나아가기 위한 중간 기착지가 될 거예요.
출처: NASA

영화 속 우주 기지가 현실이 된다!

달에 생길 유인 우주 기지는 어떤 모습일까?

　이처럼 최근 들어 달을 비롯해 화성에 대한 관심이 커지고 있어요. 더 나아가 개발 열기까지 달아오르고 있죠. 미국은 달 기지, 달 궤도 우주정거장에 이어 화성 기지 건설도 추진하고 있어요. 이를 위해 다른 나라들과의 국제적인 협력을 주도하고 있죠.

　앞서 소개한 대로 미국은 2029년까지 달에 유인 우주 기지를 세우고, 이 기지를 통해 화성 유인 탐사 실험을 진행한다고 합니다. 유럽연합도 미국과 협력하는 형태로 우주개발을 추진하고 있죠. 또한 중국은 러시아와 협력하여 2030년까지 달 유인 탐사를 계획하고 있고, 일본도 2030년경 달 유인 탐사를 목표로 기술을 개발하고 있습니다. 유인 탐사에 성공하려면 아무래도 사람들이 머무는 우주 기지가 매우 중요할 수밖에 없겠죠?

▲ 미국항공우주국의 달 기지 상상도
달 유인 기지 계획은 꾸준한 연구를 거치며 끊임없이 수정되고 있어요.
출처: SAIC/Pat Rawlings

알다시피 달은 지구와 너무 다른 환경이에요. 달의 적도 기준으로 빛이 드는 쪽은 영상 120도에 달하지만, 그늘에 가린 쪽은 영하 170도에 이르죠. 공기가 전혀 없는 진공 상태라서 방사능을 차단할 수도 없습니다. 또한 운석이 날아올지도 모르는 데다가 달에도 지진이 일어나곤 해요.

그래서 달에서 거주하려면 많은 시설이 있어야 해요. 주거 시설은 기본이고, 우주선이 착륙할 착륙장과 이동 수단을 주차할 주차장이 필요하죠. 또한 낮 동안의 열을 저장해 두는 시설, 방사선 대피 시설, 장비 보관 시설도 필요한데 모두 달의 환경에 맞

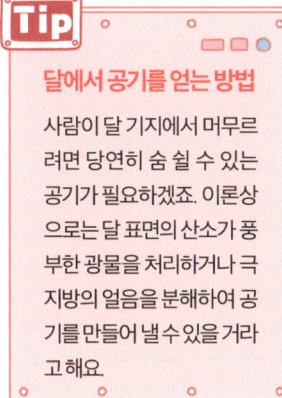

Tip
달에서 공기를 얻는 방법
사람이 달 기지에서 머무르려면 당연히 숨 쉴 수 있는 공기가 필요하겠죠. 이론상으로는 달 표면의 산소가 풍부한 광물을 처리하거나 극지방의 얼음을 분해하여 공기를 만들어낼 수 있을 거라고 해요.

춰서 지어야 합니다. 예를 들어 금속판이나 콘크리트와 같은 구조물로 방사선을 막아야 하죠.

용암 동굴에 달 기지를 건설한다고?

훗날 더 많은 우주인이 달 우주 기지에 거주할 수 있기 때문에, 현재는 영구적인 구조물을 건설하는 쪽으로 우주 기지 개발이 진행되고 있어요. 그중 하나가 적절한 크기의 크레이터를 찾아 그 위에 지붕을 얹어서 구조물을 짓는 아이디어예요. 크레이터는 행성이나 위성 표면에 있는 움푹 파인 큰 구덩이 모양의 지형을 말합니다.

하지만 튼튼한 구조물 못지않게 달 기지를 세울 위치도 잘 정해야 한답니다. 달의 여러 지형 중에서 최근에 가장 주목받고 있는 곳이 바로 '용암 동굴'이에요. 아주 먼 옛날 화산 활동이 일어난 달에는 용암 동굴이 꽤 많습니다.

미국은 2009년 6월에 달 정찰 궤도 위성(LRO)을 발사하여 달의 입체 지도를 만들고 있는데요. 이를 위해 달 곳곳을 촬영하다 우주 기지로 사용하기에 적절한 지하 구조를 발견했다고 해요. 마치 구멍 같은 이 지하 구조는 낮 동안 섭씨 17도를 유지하고 있었죠. 바로 이 지하 구조가 용암 동굴입니다.

용암 동굴에 달 기지를 건설하면 여러 가지 이점이 있어요. 첫째, 대기가 없는 달에서 우주와 태양으로부터 쏟아져 내리는 방사선을 막을

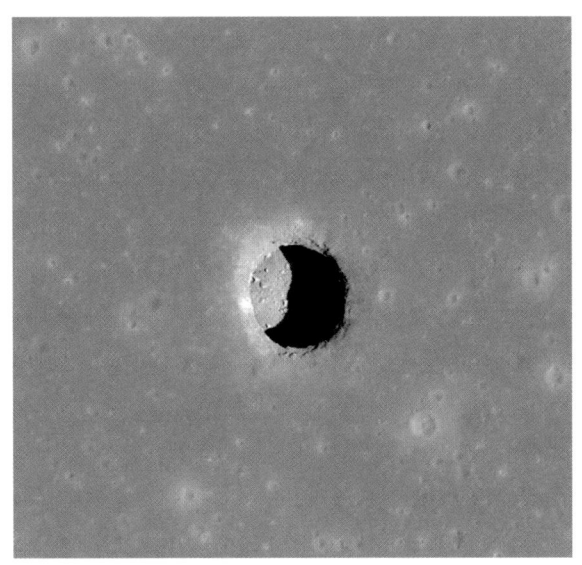

▲ 달의 용암 동굴
LRO 위성이 발견한 이 구멍은 깊이 100미터, 폭 60~70미터에 달합니다.
출처: NASA/GSFC/Arizona State University

수 있고, 태양 복사열로부터 우주 기지를 보호할 수 있습니다.

둘째, 우주로부터 쉴 새 없이 날아드는 작은 유성체로부터 안전할 수 있어요. 앞서 설명한 대로 지구에서는 유성체들이 대기권에 진입하다 대부분 불타서 작은 운석이 되죠. 하지만 달에서는 타 버리지도 않을 뿐더러 매우 빠른 속도로 날아들기 때문에 작은 크기라 할지라도 매우 위험할 수 있습니다.

셋째, 동굴 안에서 온도를 일정하게 유지할 수 있어요. 달 표면에서는 일교차가 300도에 달하지만, 동굴 안에서는 평균 기온이 영하 23도라고 합니다.

용암 동굴이 무조건 안전한 건 아니에요. 갑자기 지형이 변하면 동굴이 무너지거나 입구가 막힐 수도 있죠. 하지만 이러한 이점이 있으니 달 탐사 초기인 지금은 용암 동굴에 주목하고 있답니다.

달의 땅을 사고팔 수 있을까?

'달 대사관'이라고 혹시 들어 봤나요? 미국인인 데니스 호프가 세운 이 회사에서는 달의 땅을 판매하고 있다고 합니다. 달의 땅을 구매하면 소유권 증서까지 발행해 주죠. 이곳을 통해 전 세계 600만 명 이상이 달의 땅을 구매했습니다. 구매자 목록에는 미국 전직 대통령 3명과 미국항공우주국 직원도 포함되어 있다고 하네요.

이런 일이 어떻게 가능할까요? 그건 미국 법원이 '우주 조약'의 대상은 국가나 기관이지, 개인은 해당되지 않는다고 판결했기 때문이에요. 그래서 현재도 달의 땅을 1에이커(약 4,046제곱미터)당 24.99달러에 판매하고 있죠. 심지어 화성과 금성의 땅도 판매하고 있다고 합니다.

지금은 달과 화성의 땅을 재미로 구매하고 있지만, 훗날 달과 화성의 개발이 본격적으로 시작되면 소유권 문제가 큰일로 떠오를지도 몰라요! 그렇다면 우주 조약이 무엇인지, 또 앞으로 달의 소유권은 어떻게 될지 한번 알아보도록 해요.

▲ 미래에는 자기가 산 달이나 화성의 땅을 밟아 볼 수 있을까요?

우주 조약이란 무엇일까?

20세기 후반, 여러 나라가 우주개발에 뛰어들면서 차츰 분쟁이 일어나기 시작했어요. 개발 목적에 따라 다양하게 활용할 수 있고, 또한 다른 나라보다 선점하는 게 중요했기 때문입니다. 그러자 우주개발에 있어 지켜야 할 원칙을 만들 필요가 커졌죠. 이것이 바로 '우주법'(또는 '우주 국제법')이었습니다.

이 우주법에 속하는 것 중에 하나가 1967년 10월 10일에 발효된 우주 조약입니다. 정확히는 '우주 공간 평화 이용 조약'이라고 하죠. 우주는 인류의 이익을 위해 평화적으로만 사용할 수 있으며 어떤 정부나 기관도 소유권을 주장할 수 없다는 내용을 담고 있죠. 달 대사관이 달의 땅을 팔 수 있었던 건 이 우주 조약의 빈틈을 노렸기 때문입니다. 정부와 기관은 명시했지만 개인은 없으니까요.

이후 1979년 12월 5일 국제연합에서 우주법에 속하는 개별 조약인 '달 협정'이 채택되었습니다. 달 협정은 달에서의 협박, 무력행사 등 적대 행위를 금지하고 평화적 목적으로만 사용하도록 규제하고 있죠. 달 탐사에 제약을 받을 수 있어 18개 나라만 가입했다고 해요. 미국, 러시아, 중국, 일본 등 주요 우주개발국은 서명하지도 않았죠. 우리나라 역시 가입을 유보하고 있답니다.

그러다 2013년 미국 의회에서 아폴로 우주선이 달에 착륙했던 지역을 국립공원으로 지정해야 한다는 법안이 상정되었습니다. 다른 기업과 국가들이 머지않아 달에 착륙할 테니, 미국 우주선이 착륙했던 지점을 보호하고 기념해야 한다는 이유였죠. 달에 어느 국가만의 국립공원을 과연 만들 수 있을까요? 이 법안은 아직 통과되지 않았지만 최근 들어 다시 관심을 받고 있는데요. 만약 이 법안이 시행된다면 외계 천체의 소유권을 두고 많은 논란이 일어날지도 모릅니다.

큐브위성으로 만든 우주국가, 아스가르디아

2016년 10월 러시아 출신의 항공우주과학자 이고르 아슈르베일리는 색다른 개념의 국가를 선포했어요. 바로 우주국가인 '아스가르디아'이죠. 아스가르디아는 북유럽 신화 속의 신들의 세계를 말해요.

알다시피 국가의 세 가지 요소는 영토, 국민, 주권이죠. 그렇다면 하나씩 살펴볼까요? 먼저 영토는 우주에 띄운 무게 2.8킬로그램, 크기 10cm×10cm×20cm의 큐브위성으로, 2017년 12월 7일부터 궤도에서 운영되었으나 2022년 9월 11일쯤에 대기권에 진입한 것으로 추정됩니다. 한편 국민은 국가 선포와 동시에 모집하고 있습니다. 2023년 9월 기준 110만 명 이상의 국민이 모였다고 해요. 국민은 큐브위성에 개인 정보를 저장하게 되죠.

주권에 대해서는 헌법을 제정하고 의회 선거를 치르며 국제연합

▲ 아스가르디아 큐브위성
이 자그마한 위성이 우주국가 아스가르디아의 영토라죠?
출처: NTNU/Bjørn Pedersen

에 국가 지위를 인정해 달라고 요청하고 있어요. 지금은 인공위성을 띄워 놓는 수준이지만, 장기적으로 우주정거장이나 달에 사람들이 실제로 거주하는 나라를 만드는 것이 목표라고 하네요.

아직 아스가르디아는 국가로 인정받지 못했어요. 과연 미래에는 우주국가가 생길까요? 또 어떤 모습일까요? 앞으로 이를 두고 많은 논의가 필요할 거예요.

화성의 환경을 지구처럼 만들 수 있을까?

미래에 인류가 지구에서 더 이상 살아갈 수 없다면 우주의 다른 행성으로 떠나야 할 수밖에 없겠죠? 지구를 떠나서 갈 수 있는 행성 중에 그나마 가장 가까운 곳이 화성입니다. 그래서 많은 사람이 지구를 대체할 행성으로 화성을 이야기하곤 하죠.

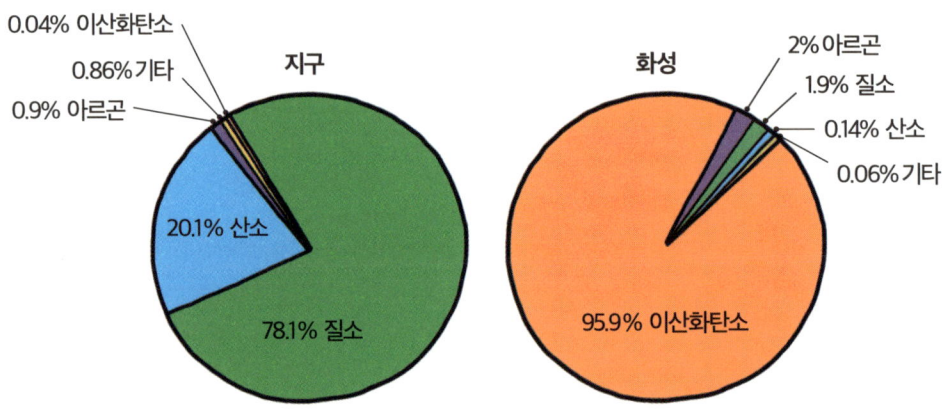

▲ 지구와 화성의 대기 비교
이처럼 화성 대기는 이산화탄소가 거의 대부분이라고 할 수 있어요.

물론 화성의 환경은 지구와는 전혀 달라요. 대기는 주성분이 이산화탄소라서 인간이 호흡할 수 없고, 토양에도 독성이 있죠. 기압과 기온도 매우 낮습니다. 평균 대기압이 지구의 0.6퍼센트에 불과하죠.

그렇다면 우리가 화성에서 살아갈 수 있도록 화성의 환경을 지구와 비슷하게 바꾸면 되지 않을까요? 아니면 인류가 살아갈 수 있게 거주지를 짓는 방법도 있겠죠. 과학자들은 이를 위한 다양한 아이디어를 제시했답니다. 하나씩 소개해 볼게요.

화성의 대기를 바꾸는 다양한 아이디어

화성은 대기층이 얇고 지표면 온도도 매우 낮으며 공기가 건조하기까지 해요. 그래서 물이 화성 표면에 노출되면 끓어서 증발하거나 얼어 버리죠. 인류가 화성에서 살아가려면 화성의 대기층이 지금보다 두꺼워져야 합니다. 그래야 화성 표면의 온도가 올라갈 테니까요. 그렇다면 어떤 방법들이 등장했을까요?

먼저 화성 극지방을 이용하는 방법이 있습니다. 그중 첫 번째는 화성 극지방에 핵폭탄을 몇 초마다 터트리는 방법으로, 이를 통해 극지방에 얼어붙어 있던 이산화탄소를 방출시켜 화성 대기를 두껍게 합니다.

두 번째는 극한 환경에서 생존하는 시아노박테리아라는 조류를 살포하는 것이죠. 시아노박테리아가 어둡게 변색되면서 태양열을 흡수하는 원리를 이용해 표면 온도를 올리고 광합성으로 산소도 얻을 수 있다고 합니다.

　화성 바깥의 우주에서 이루어지는 방법도 있는데요. 먼저 태양과 화성 사이에 인공적인 자기발생장치를 설치하는 것입니다. 이를 통해 태양풍으로부터 화성을 보호하면 화성의 대기가 달아나지 않고 유지되면서 두꺼워질 수 있다고 하네요.

▲ 화성의 극지방
화성 극지방에는 이산화탄소가 얼어붙은 빙하들이 있어요.
출처: NASA/JPL/MSSS

　화성 궤도에 1.5킬로미터 크기의 대형 거울을 설치하는 방법도 있죠. 커다란 거울을 통해 햇빛을 한곳으로 모으면 화성 표면의 온도가 섭씨 20도까지 상승할 수 있다고 합니다.

　이처럼 화성의 대기를 바꾸는 다양한 방법이 연구되고 있지만, 그럼에도 화성의 대기압을 바꾸기는 어려워요. 그래서 화성의 일부 지역에 거주지를 만드는 방법도 고려되고 있다고 합니다. 화성의 북극에 있는 이산화탄소로 된 얼음을 활용하면 열을 가

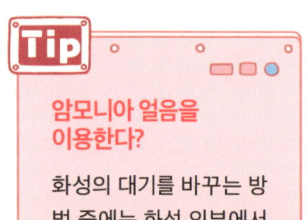

암모니아 얼음을 이용한다?

화성의 대기를 바꾸는 방법 중에는 화성 외부에서 암모니아 얼음을 가져와 화성 표면에 충격을 주자는 방법도 있어요. 온실가스인 암모니아가 화성 대기를 두껍게 하고 기온을 높인다는 것이죠.

두면서도 햇빛이 통과되죠. 그러면 일종의 온실효과처럼 거주지의 온도가 높아진다고 합니다. 앞으로 연구가 계속되면 실현 가능성 높은 방법들이 더 등장하겠죠?

화성의 헬리콥터는 뭔가 특별하다

화성 탐사를 위해서는 화성 탐사선 말고도 화성을 돌아다닐 이동수단이 필요합니다. 대표적인 것이 로버와 헬리콥터입니다. 로버는 행성 표면을 돌아다니며 탐사하는 로봇을 말해요.

헬리콥터는 날개나 회전날개의 윗부분에 작용하는 압력이 아랫부분보다 낮아야 공중에 뜰 수 있어요. 다시 말해 헬리콥터가 제대로 날기 위해서는 대기가 충분히 있어야 합니다. 그러나 화성 대기의 밀도는 지구의 1퍼센트 수준이고, 앞서 말한 대로 평균 대기압도 지구에 비해 턱없이 낮죠. 그래서 화성을 돌아다니는 헬리콥터는 뭔가 특별하답니다.

2020년 7월에 발사되어 2021년 2월 18일 화성에 도착한 퍼서비어런스호라는 로버에는 인저뉴어티라 불리는 헬리콥터가 실렸어요. 화성 대기를 관측하고 절벽이나 협곡 등을 탐사하기 위해 화성에 보낸 헬리콥터죠.

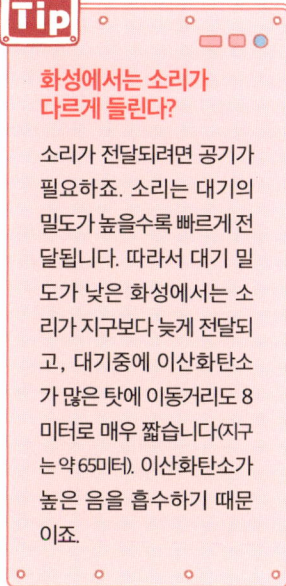

Tip

화성에서는 소리가 다르게 들린다?

소리가 전달되려면 공기가 필요하죠. 소리는 대기의 밀도가 높을수록 빠르게 전달됩니다. 따라서 대기 밀도가 낮은 화성에서는 소리가 지구보다 늦게 전달되고, 대기중에 이산화탄소가 많은 탓에 이동거리도 8미터로 매우 짧습니다(지구는 약 65미터). 이산화탄소가 높은 음을 흡수하기 때문이죠.

▲ 인저뉴어티
인저뉴어티는 2022년 12월에 14미터 고도로 비행하면서 신기록을 세우기도 했어요.
출처: NASA

　인저뉴어티는 14센티미터 크기에 높이는 49센티미터이고, 1.2미터 크기의 회전날개 2쌍이 달려 있어요. 무게는 1.8킬로그램으로 초소형 헬리콥터라고 할 수 있습니다. 태양 빛과 배터리를 통해 비행을 위한 전력을 얻으며, 5미터 고도에서 90초간 300미터를 이동할 수 있다고 해요.

　이렇게 헬리콥터를 작게 만든 건 화성의 중력이 지구의 3분의 1이고, 대기 밀도가 지구의 1퍼센트에 불과하기 때문입니다. 하지만 대기 밀도가 낮기 때문에 회전날개는 지구보다 5배가량 빠르게 회전한다고 해요. 다시 말해 1분당 2,400번 회전해야만 그 힘으로 헬리콥터가 공중에 뜰 수 있습니다.

　인저뉴어티는 2021년 4월 19일 3미터 고도에서 30초간 정지비행에 성공한 이후로 2023년 여름까지 50회 넘게 화성을 비행했어요. 하지만 안타깝게도 2024년 1월 날개가 파손되어 임무를 종료했답니다. 그럼에도 인저뉴어티가 촬영한 사진들로 화성 곳곳을 활발히 연구한 만큼, 앞으로도 헬리콥터를 이용한 행성 탐사가 늘어날 것으로 보입니다.

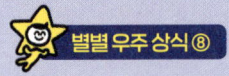

사소한 실수로 잃고 만 우주 탐사선들

4장 끝에서 소개한 인공위성 사고들처럼, 금성이나 화성 등 다른 행성을 찾아가는 우주 탐사선에도 사고가 일어나곤 했어요. 여기서는 사소한 실수 때문에 일어난 사고들을 소개하겠습니다. 인공위성과 마찬가지로 행성 탐사선도 아무리 작은 실수라도 큰 손실로 이어질 수 있어 위험하답니다.

미국항공우주국은 1962년 7월 22일에 금성 탐사선 마리너 1호를 발사했어요. 그러나 미국 최초의 행성 탐사선인 마리너 1호는 발사 293초만에 폭발하고 말았어요. 소프트웨어의 코드에 하이픈(-)이 하나 빠졌거든요. 그때는 지금과 달리 소프트웨어가 적힌 천공카드를 사용해야 했는데, 기호 하나가 빠지면서 잘못된 신호가 전송되어 폭발하고 만 것입니다.

1988년 7월에 구소련에서 발사된 화성 탐사선 포보스 1호도 소프트웨어 코드에서 한 글자가 빠지면서 화성에 도착하지 못했어요. 코드 오류로 추력기가 가동하지 않았고, 이 때문에 태양전지판이 태양 쪽을 바라보지 못하면서 전력을 충분히 생산하지 못했죠. 결국 배터리가 완전히 방전되어 통신도 끊겼다고 합니다.

그런가 하면 1996년 11월 7일 발사된 미국의 화성 탐사선 '마스서베이어'는 1년간의 임무를 마치고, 연장 임무를 하다 사고가 일어났어요. 2006년 6월에 소프트웨어를 변경하면서 데이터가 잘못된 메모리

주소에 쓰이고 말았거든요. 이 때문에 태양전지판을 조정할 수 없었고, 탐사선 본체가 태양을 마주하게 되었습니다. 결국 배터리가 과열되어 통신이 끊기게 되었죠.

사용하는 단위의 차이로 파괴된 탐사선도 있습니다. 1998년 12월 11일 미국우주항공국이 발사한 화성 기후 궤도선(MCO)인데요. 추진력 제어 프로그램의 제작사는 영미식 단위(야드파운드법)인 인치와 파운드를 쓰고, 탐사선 엔진을 제작하는 기관은 미터법의 단위인 미터와 킬로그램을 쓰고 있었거든요.

다시 말해 이 탐사선은 지상에서 야드파운드법 단위로 계산해 보낸 추진력을 미터법 단위로 잘못 받아들이면서 오류가 생기고 말았습니다. 결국 화성에 진입한 후 불타 버리고 말았어요.

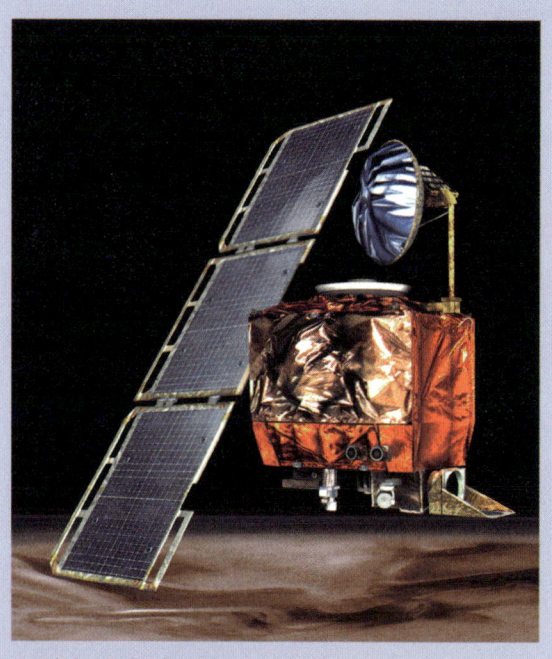

▲ 화성 기후 궤도선 MCO
이 탐사선의 사고 이후로 국제적 단위 통일의 중요성이 더욱 커졌답니다.
출처: NASA/JPL/Corby Waste

펑!

6장
미래에 진짜 우주전쟁이 일어날까?

문명이 생기기 전부터 인류는 여러 가지 이유로 전쟁을 이어 왔어요. 나라들이 서로 양보하고 타협한다면 더할 나위 없겠지만, 현실은 그리 만만하지 않죠. 인류의 전쟁터는 육지에서 바다와 하늘까지 확대되었고, 우주기술의 발전으로 최근엔 우주가 새로운 전장으로 떠오르고 있습니다. 많은 나라가 이에 대비해 우주군을 만들고 있죠. 과연 미래에 우주전쟁이 일어날까요?

전쟁이 일어나면 더욱 중요해지는 인공위성

우주에 떠 있는 인공위성은 평상시에는 우리의 삶을 편리하게 만들어 줍니다. 인공위성 덕분에 내비게이션으로 길을 찾아갈 수 있고, 초고속 인터넷을 사용할 수도 있죠. 하지만 만약 전쟁이 일어난다면 우

▲ GPS IIR-M 위성
미국의 항법위성 중 하나로, 지상의 위치 정보를 알려 주고 있습니다.
출처: US Government

주에 있는 모든 인공위성이 전쟁 자원으로 바뀔 수 있답니다.

이제는 인공위성의 도움 없이는 군사 작전을 할 수 없을 정도라고 해요. 정찰위성으로 적의 방어망과 병력을 파악하고, 조기경보위성으로 미사일 발사를 탐지하며, 기상위성으로 날씨를 파악하고, 통신위성으로 요격 지시를 하는 것이죠. 이 밖에도 항법위성 등 다양한 위성이 적극적으로 활용되고 있습니다.

그래서 전쟁이 일어나면 상대편의 인공위성을 먼저 요격해 파괴할 가능성이 크다고 해요. 상대편의 인공위성이 파괴되면 정찰은 물론이고 통신도 어려워질 테니까요. 인공위성을 공격하면 어떤 일이 일어날지, 생각만 해도 무시무시하네요! 차근차근 알아보도록 하죠.

> **Tip**
> **군사적으로도 중요한 항법위성**
>
> 항법위성은 실시간으로 위치를 알려 주는 인공위성입니다. 우리가 길을 걸을 때뿐 아니라 자동차, 선박, 항공기, 심지어 다른 인공위성까지 항법위성의 도움으로 위치 정보를 얻고 있죠. 군사적으로도 전투기나 미사일의 위치 확인에 필요하기 때문에 많은 나라에서 성능 좋은 항법위성을 개발하고 있어요.

전쟁이 일어나면 인공위성부터 노린다?

실제로 우주개발 선진국들은 인공위성과 발사체를 개발하면서도 한편에선 인공위성을 요격하는 기술을 개발하고 실험하고 있어요. 앞서 말한 대로 상대편의 인공위성이 무력화되면 전쟁을 유리하게 끌고 나갈 수 있기 때문입니다.

미국은 1959년에 인공위성 요격 능력을 최초로 실험했고, 1985년에는 F15 전투기에서 미사일을 발사하여 고도 555킬로미터에 있는 위성을 파괴했습니다. 구소련도 1960년대부터 인공위성 요격 실험을 꾸준히 진행했죠. 이 당시만 해도 우주에 인공위성과 우주발사체 잔해들이 그리 많지 않아서, 우주쓰레기에 대한 인식이 거의 없었다고 합니다.

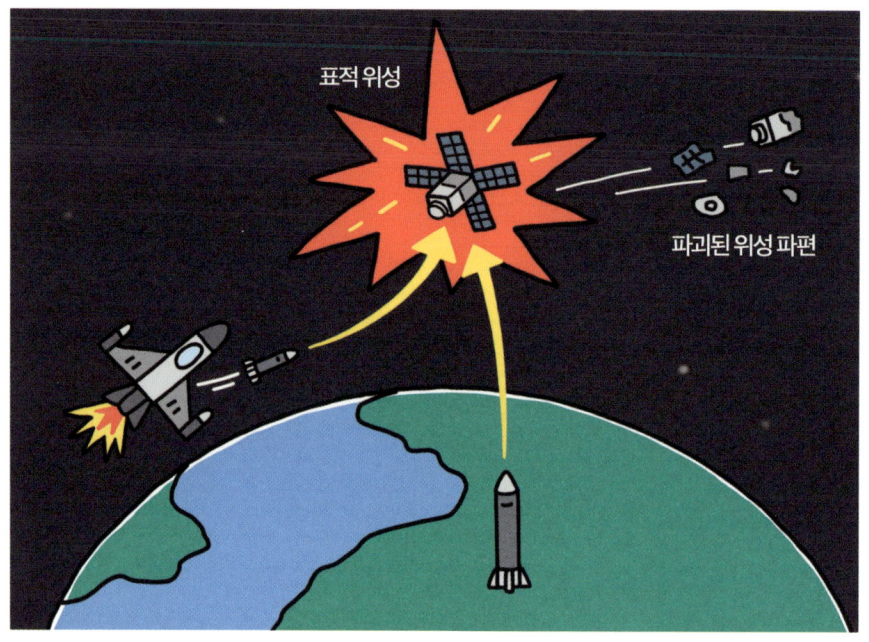

▲ 인공위성 요격 실험
항공기를 이용하거나 지상에서 미사일을 발사하는 등, 인공위성을 요격하는 방법은 여러 가지라네요.

21세기에 들어서도 인공위성 요격 실험은 계속되었어요. 군사적인 능력을 과시하기 위해서였죠. 인도는 2019년 3월에 고도 300킬로미터에 있는 위성을 요격하는 데 성공했고, 러시아 또한 2020년 4월에

'누돌'이라는 새로운 탄도탄 요격 시스템으로 인공위성 요격 실험을 했다고 합니다.

특히 중국은 2007년 1월에 첫 요격 실험에 성공한 뒤에는 2010년 1월, 2014년 7월에 추가 실험을 진행했죠. 이후 우주쓰레기가 심각한 문제로 떠오르기 시작했습니다. 우주쓰레기에 대해서는 뒤에서 자세히 살펴보도록 해요.

한편 지상에서 인공위성을 요격하는 것 외에도 다양한 방법을 개발하고 있답니다. 먼저 초소형 위성을 이용해 방해 전파를 발사하는 방법이 있어요. 평화로운 때에 초소형 위성을 발사해 두었다가 전쟁이 일어나면 특별한 임무를 부여하는 것이죠.

또는 기생위성을 이용해 상대편의 인공위성을 폭파하는 방법도 있습니다. 기생위성은 다른 위성에 가까이 다가갈 수 있는 작은 위성을 말해요.

전 세계에 속속 등장하고 있는 우주군

이처럼 미래의 전쟁에서는 인공위성이 공격받을 가능성이 매우 높죠. 또한 뒤에서 살펴보겠지만 인공위성과 같은 우주 자원을 무기로 활용해 지상을 공격하는 방법도 떠오르고 있답니다. 이를 위해 20세기 후반부터 우주군이 등장했죠.

우주 공간을 감시하고 공격하는 군대, 다시 말해 우주군은 다양한

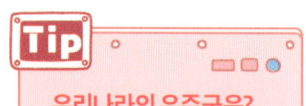

우리나라의 우주군은?

우리나라는 2019년 9월에 공군 작전사령부 산하에 위성감시통제대를 창설했어요. 한반도 상공을 통과하는 우주 물체를 감시하고 분석하는 임무를 맡는다고 하죠. 또한 공군은 2022년에 '스페이스 오디세이 2050'이라는 계획을 발표하며, 혹시 모를 우주전쟁에 대비하고 있어요.

임무를 맡습니다. 주요 임무는 인공위성을 이용해 지상을 정찰하고, 대륙간탄도미사일을 감지하며 요격하는 것입니다. 여기에 인공위성의 개발, 활용, 운영 임무도 맡죠. 그렇다면 어떤 나라들이 우주군을 만들었을까요?

먼저 미국은 1985년 공군 산하에 우주사령부를 창설했어요. 미국 우주사령부는 2002년에 통합전략사령부 산하에 편입되었다가 2019년에 비로소 독립했다고 해요. 이후 2020년에 미국은 우주군을 공식 창설하고, 현재 다양한 임무를 수행하고 있습니다.

▼ 우주군은 인공위성을 통해 대륙 너머에서 날아오는 미사일을 감시합니다.

러시아는 1992년에 미사일 기지 운영 임무를 주로 하는 우주군을 창설했지만, 이후 해체와 통합을 반복했다고 해요. 그러다 2015년에 항공우주군 산하에 우주군을 창설했습니다. 프랑스는 2019년에 항공우주군으로 개편하고 우주 군사 분야를 꾸준히 개발하고 있답니다.

아시아 국가도 살펴볼까요? 중국은 2015년 우주 관련 임무를 비롯해 첨단기술을 담당하는 전략지원군을 창설했어요. 인도는 2019년 인공위성 요격 실험에 성공한 이후 우주기술을 군사적으로 연구하면서 유인 우주선도 적극적으로 개발하고 있다고 해요. 마지막으로 일본은 2020년 우주쓰레기로부터 인공위성을 지키는 20명 규모의 우주작전대를 시작으로, 2022년에는 우주작전군을 창설했습니다.

하늘 높은 곳에서 지상을 공격하는 미사일

앞서 소개한 대로 미래에 전쟁이 일어나면 우주에 떠 있는 인공위성이 공격받을 수 있죠. 하지만 인공위성을 무기로 활용할 수도 있답니다. 실제로 인공위성을 통해 지상으로 텅스텐 봉을 떨어뜨리는 방법이 개발되고 있어요. 인공위성에 텅스텐 봉을 싣고 지구 어느 곳에나 도달할 수 있으며, 지하나 이동하는 목표물도 공격할 수 있다고 합니다. 한편 로켓 기술이 발전하면서 강력한 무기가 하나 탄생하기도 했어요. 바로 대륙간탄도미사일이죠.

대륙간탄도미사일과 극초음속 미사일

앞서 간단히 살펴보았지만 대륙간탄도미사일은 대륙을 넘어 공격할 수 있을 정도로 사정거리가 무척 길어요. 이를 위해 하늘 높이 올라갔다가 대기권으로 다시 진입하죠. 대륙간탄도미사일은 사용된 적이

▲ 타이탄 2
타이탄 2는 1950년대에 개발된 미국의 초창기 대륙간탄도미사일이에요.
출처: U.S. Air Force

없지만 핵폭탄을 탑재하고 있어 어마어마한 무기라고 할 수 있습니다.

대륙간탄도미사일은 지난 수십 년 동안 잘 운영되었지만, 한 가지 단점이 있었어요. 고도 3만 6,000킬로미터에 있는 정지궤도 인공위성으로 미사일을 감지하여 방어하거나 요격할 수 있게 된 것이죠. 그래서 미국, 러시아, 중국 등은 대륙간탄도미사일을 대체하기 위해 극초음속 미사일을 개발하고 있어요. 음속의 5배 이상인 매우 빠른 속도로 비행한다고 해서 '극초음속'이라는 이름이 붙었죠.

극초음속 미사일은 100킬로미터 이하의 고도에서 비행하기 때문에 대륙간탄도미사일보다 탐지하기가 어렵다고 해요. 또한 비행 경로와 목표물을 수시로

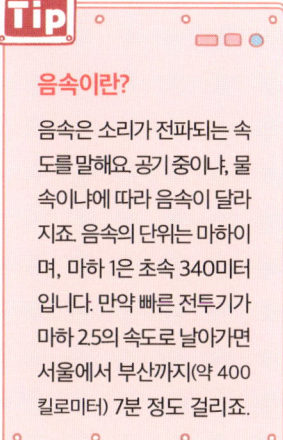

Tip

음속이란?

음속은 소리가 전파되는 속도를 말해요. 공기 중이냐, 물속이냐에 따라 음속이 달라지죠. 음속의 단위는 마하이며, 마하 1은 초속 340미터입니다. 만약 빠른 전투기가 마하 2.5의 속도로 날아가면 서울에서 부산까지(약 400킬로미터) 7분 정도 걸리죠.

바꿀 수 있어 요격하기도 매우 어렵죠.

그럼 어떤 극초음속 미사일이 개발되고 있을까요? 먼저 러시아는 2019년에 '아방가르드'라는 극초음속 미사일을 실전 배치했어요. 최대 속도는 마하 27로, 시속 3만 3,000킬로미터에 달하죠. 최대 사거리도 6,000킬로미터라서 러시아 극동 지역에서 미국 본토까지 15분 안에 도달한다고 합니다. 중국은 2019년에 'DF-17'이라는 극초음속 미사일을 배치했어요. 최대 속도는 마하 10인 시속 1만 2,240킬로미터이고, 최대 사거리는 2,500킬로미터에 달합니다.

마지막으로 미국은 '팔콘'이라 불리는 극초음속 미사일을 개발하고 있으며 실전 배치할 예정이라고 합니다. 또한 러시아와 중국의 극초음속 미사일을 탐지하기 위해 저궤도 인공위성 수십 기를 발사할 계획이라고 하네요.

신의 회초리란 무엇일까?

우주에서 지상으로 발사하여 지상 목표물을 파괴하는 무기 중에는 '신의 회초리'라는 것도 있어요. 텅스텐이나 티타늄 등으로 만든 100킬로그램의 금속봉을 우주에서 발사해 지상 목표물을 파괴하는 방법이죠. 시속 1만 1,520킬로미터까지 속도를 낼 수 있어서 '초고속 막대'라고 불리기도 해요. 지상 어느 곳이라도 도달할 수 있는 강력한 무기이지만, 아직 사용된 적은 없습니다.

▲ 신의 회초리
금속봉 여러 개를 가지고 있다가 지상 목표물에 발사하는 방식이에요.

　이렇듯 상공에서 물체를 떨어뜨려 지상을 타격하는 무기는 제2차 세계대전 말에 등장했어요. 실제로 항공기를 이용해 지상 목표물을 타격하기도 했죠. '게으른 개'라는 이름의 이 무기는 강도 높은 강철로 만들어졌습니다. 길이 44밀리미터, 지름 13밀리미터, 무게 19.8그램으로 매우 작고 폭약도 아니었지만, 매우 빠른 낙하 속도와 운동량 때문에 아주 치명적이었다고 해요.

　이 무기는 비용이 저렴해서 대량으로 사용할 수 있었고, 심지어 손으로도 투하할 수 있었다고 해요. 그래서 한국전쟁과 베트남전쟁에 사용되었죠. 하지만 현재는 거의 사용되지 않아요. 우선 이 무기를 사용하려면 대규모 병력이 모여 있어야 하는데 요즘은 그럴 일이 드물고, 아주 비싸지 않은 비용으로도 정확한 위치에 타격할 수 있는 무기가 속속 생겨났기 때문입니다.

골치 아픈 우주쓰레기, 어떻게 치울 수 있을까?

우주쓰레기를 처리하는 다양한 방법들

현재 지구 주변에는 다양한 인공위성이 떠 있어요. 하지만 앞서 살펴본 대로 우주쓰레기도 엄청 많죠. 수명이 다하거나 고장 난 인공위성부터 우주발사체 잔해, 우주왕복선의 벗겨진 페인트 조각, 그리고 인공위성 요격 실험 때문에 발생한 파편까지 종류도 무척 다양합니다. 예전보다 발사되는 인공위성이 점점 많아지고 있어서 우주쓰레기는 한동안 늘어날 거예요.

이 때문에 인공위성과 우주쓰레기가 충돌할 가능성이 점점 높아지고 있습니다. 실제로 국제우주정거장은 2001년 이후 700회 이상 우주쓰레기와 충돌할 뻔했다고 해요. 그래서 발사체 잔해나 충돌로

> **Tip**
> **달과 충돌한 우주쓰레기**
> 2022년 3월 4일에 3톤 규모의 발사체 잔해가 달 뒷면과 충돌했어요. 이 때문에 10미터가 넘는 분화구가 생겼다고 하죠. 대기가 없는 달은 불탄 우주쓰레기가 그대로 부딪칠 수 있어 무척 위험해요.

인한 파편, 수명이 다한 인공위성 등을 꼭 수거해야 하죠. 이를 위해 다양한 우주쓰레기 수거 방법이 개발되고 있답니다.

대표적인 것이 우주쓰레기를 지구로 떨어뜨리는 방법이죠. 앞서 수명이 다한 저궤도 위성을 처리하는 방법으로 소개했던 것과 같은 원리예요. 예를 들어 로봇팔이 달린 인공위성으로 우주쓰레기를 잡아 대기권으로 떨어뜨리거나, 전자기장을 이용해 우주쓰레기의 궤도를 바꿔 떨어뜨리는 방법이죠. 레이저로 요격해서 지구로 떨어뜨리는 방법도 개발 중이라네요.

이외에도 초소형 위성에 끈끈이 풍선이나 접시 크기의 접착체를 붙여서 우주쓰레기를 모으는 방법도 있어요. 우주쓰레기를 갈아서 연료로 사용하거나, 시소처럼 한쪽에 담긴 위성을 지구 궤도로 던지듯 떨어뜨리는 방법도 제시되고 있습니다.

▼ 지구 주위에는 다양한 종류의 우주쓰레기가 떠돌고 있어요.

수많은 우주 물체를 어떻게 감시할까?

현재 지구 주위에는 인공위성과 우주쓰레기를 다 합쳐 10센티미터 이상의 물체가 약 3만 4,000개나 됩니다. 인간이 우주로 보낸 물체라고 해서 '인공 우주 물체'라고 부르기도 하죠. 여기에 소행성이나 혜성 같은 '자연 우주 물체'까지 포함하면 지구 주위는 정말 복잡하지요.

미국 국방부에서는 첫 인공위성이 발사된 1957년부터 우주 물체를 감시하고 있습니다. 지금은 북아메리카를 비롯해 알래스카, 영국, 그린란드, 노르웨이, 태평양의 디에고기르시아섬 등 여러 지역에 관측 시스템을 설치했죠. 대륙간탄도미사일 같은 무기도 탐지해야 했기 때문입니다. 보통은 지상에 설치된 레이더망이나 대형 광학망원경으로 인공 우주 물체를 찾고 있어요. 여기에 필요에 따라 우주에 떠 있는 인공위성의 도움도 받죠.

미국뿐만 아니라 우주개발이 한창인 여러 나라에서도 각자 우주 물체를 감시하고 있어요. 우리나라 또한 2015년에 한국천문연구원을 우주환경감시기관으로 지정하여 우주 물체 추락 충돌 대응 매뉴얼을 만들고 이를 감시하는 기술을 개발하고 있습니다.

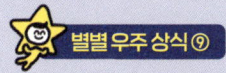
별별 우주 상식 ⑨

우주에도 바이러스가 있을까?

우주에도 바이러스가 있을까요? 기본적으로 바이러스는 살아 있는 유기체가 있어야만 활동할 수 있어요. 하지만 최근에 바이러스가 독립적으로 존재할 수도 있다는 연구가 나오기도 했답니다. 아직까지는 우주에 바이러스가 있는지 밝혀지지 않았어요.

하지만 과학자들은 바이러스가 존재할 가능성을 늘 염두에 두고 있답니다. 그래서 달에 처음 착륙했던 아폴로 11호의 우주비행사들은 지구 귀환 후 밀폐된 오염물질 제거실에서 3주 정도 지내야 했죠.

지금도 우주비행사가 우주에서 바이러스에 감염될 수도 있다고 가정하고 다양한 방법을 연구하고 있어요. 어떻게 하면 바이러스와 접촉하지 않을 수 있는지, 또 만약 바이러스에 접촉했을 때 어떻게 격리할지를 알아보는 것이죠.

▲ 이동하는 아폴로 11호 우주비행사들
지구로 귀환한 우주비행사들은 보호복을 입고 오염물질 제거실로 이동해야 했죠.
출처: NASA

2019년에 미국항공우주국은 우주비행사에게 휴면 상태의 바이러스를 심어 우주에서 활동하는지 조사했어요. 조사 결과 6개월 이상 체류한 우주비행사의 몸에서 바이러스가 활성화되어 있었다고 해요. 하지만 증상이 그리 심하지 않았고, 우주비행사의 면역력이 약해지자 활동하기 시작했죠. 이처럼 혹시 모를 상황에 대비해 달이나 화성에 다녀오는 우주비행사들은 앞으로도 이러한 절차를 거쳐야 할 거예요.

지구 밖 행성도 보호해야 하는 이유

2017년 7월 미국항공우주국은 행성보호책임자를 구한다는 공고를 올렸어요. 행성보호책임자란 말 그대로 행성을 책임지고 보호하는 자리를 말합니다. 만약 SF영화에서처럼 지구에 온 외계 생명체 때문에 어떤 미생물이 증식하여 인류가 위험해진다면 안 되겠죠. 이처럼 다른 행성 또한 인류 때문에 위험해지지 않도록 보호하는 것이 행성보호책임자가 해야 할 일입니다.

어떤 행성에 지구에서 보낸 탐사선이 도착했다고 해 보죠. 만약 이 탐사선에서 나온 미생물이나 유기물 때문에 그 행성이 오염되고, 심지어 오랜 시간이 흐른 뒤에도 살아남거나 변이된 채로 있다면 어떻게 될까요? 그때는 지구에서 온 것인지, 그 행성에 원래 있었던 것인지 알아볼 수 없을지도 몰라요. 너무 오염되면 인류가 아예 그 지역을 사용하지 못할 수도 있죠.

　결국 인류의 미래를 위해 행성의 오염을 막고 보호해야 합니다. 실제로 1970년대에 화성으로 간 바이킹호는 전체 시스템의 멸균을 거친 다음, 밀폐된 상태로 발사되었어요. 화성으로 가는 도중에도 오염이 발생하지 않도록 주의한 것이죠.

　하지만 그럼에도 예기치 못한 일이 일어나곤 했답니다. 특히 21세기에 들어서는 우주 밖에서 생명체가 살 수 있을지 연구하기 시작했거든요.

　2019년 4월, 이스라엘의 무인 달 탐사선인 '베레시트'에는 실험을 위해 물곰 수천 마리가 실려 있었습니다. 물곰은 다리가 8개인 무척추동물로, 길이가 1밀리미터도 안 되지만 생명력이 아주 강합니다. 방사선 환경은 물론이고 극저온, 고온, 고압에서도 잘 견디며 먹이가 없어도 수십 년간 살아남는다고 하네요.

　베레시트 탐사선은 달 착륙에 실패하며

▲ 물곰
만약 물곰이 살아남은 채로 달에 착륙했다면 어떤 일이 일어났을까요?

추락했는데요. 과학자들은 실험을 통해 물곰이 살아남지 못했을 가능성이 크다고 판단했습니다. 추락할 때의 속도와 압력이 물곰이 생존하기엔 높았다고 본 것이죠. 이때 일은 인간의 선택으로 달이 오염될 수도 있다는 경각심을 키웠습니다.

이처럼 앞으로는 탐사하려는 행성이 오염되지 않도록 더욱 세심하게 주의를 기울여야 합니다. 지금은 이러한 일을 전적으로 맡는 사람이 미국 항공우주국과 유럽우주국에 각각 한 명뿐이라고 하네요. 하지만 행성 보호의 중요성이 더욱 커지는 만큼, 앞으로는 더 많은 사람이 행성 보호를 위해 일하게 될 겁니다.

ㄱ

게으른 개 / 133
광년 / 12, 37, 41
국제우주정거장 / 46, 47, 50, 52, 57, 64, 78, 107, 134
국제천문연맹 / 31
극초음속 미사일 / 131, 132
금성 / 13, 37, 60, 112, 121
기생위성 / 127
기체형 행성 / 37

ㄴ

나로과학위성 / 53, 75
나로발사체 / 75, 76
나로우주센터 / 72, 73, 76
누리호 / 76
뉴셰퍼드 / 51
닐 암스트롱 / 102

ㄷ

다트 / 22, 23
달 / 21, 24, 29, 46, 51, 55, 60, 62, 83, 86, 90, 102~115, 134, 137~139
달 대사관 / 112, 113
달 정찰 궤도 위성(LRO) / 110, 111
대기권 / 16, 26, 41, 51, 53, 58, 61, 77, 78, 89, 91, 100, 111, 115, 130, 135
대기압 / 46, 117~119
대륙간탄도미사일 / 61, 128, 130, 131, 136
드네프르 발사체 / 73
드레이크 방정식 / 39, 40
디디모스 / 22, 24
디모르포스 / 22~24

ㄹ

라그랑주 점 / 29
라이카 / 44, 45
로스웰 사건 / 42
루나 9호 / 105
루나 게이트웨이 / 106, 107
리시아큐브 위성 / 22~24

ㅁ

마리너 1호 / 121
마스서베이어 / 121
마야크 인공위성 / 94, 95

마우나케아 천문대 / 21
메테인 / 37, 38, 84~86
명왕성 / 14
모의 화성 기지 / 47, 48
목성 / 13~15, 37, 60
무궁화위성 1호 / 80
무궁화위성 5호 / 66
무궁화위성 6호 / 66
무덤궤도 / 89~91, 93
문 빌리지 / 106
물곰 / 139, 140
미국항공우주국(나사) / 20~22, 28, 41, 55, 77, 109, 112, 121, 138, 140
미확인 비행 물체(미확인 항공 현상) / 41, 42

ⓑ
발사체(우주발사체) / 53~56, 60, 62, 63, 68~70, 73~77, 79, 80, 82, 85, 86, 95, 99, 100, 125, 126, 134
방사선 / 46, 67, 109, 110, 139
백금 소행성(2011 UW-158) / 25
베레시트 / 139
별똥별 / 16

보스토크 1호 / 44, 62
보이저 1호 / 95, 96
빅뱅 / 12, 13, 26

ⓢ
소유스 1호 / 57
소유스 11호 / 57
소행성 / 14~25, 37, 47, 136
소행성대 / 14, 15
수성 / 13, 14, 37, 60
3D 프린터 / 55, 56
스페이스X / 52, 53, 85, 86, 107
스푸트니크 1호 / 44, 61, 63, 103
스푸트니크 2호 / 44
스푸트니크 5호 / 45
신의 회초리 / 132, 133
실용위성(다목적실용위성) / 76

ⓞ
아르테미스 1호 / 104
아르테미스 프로젝트 / 103, 104, 106
아리랑위성 1호 / 74, 76
아리랑위성 2호 / 64, 74
아리랑위성 3A호 / 68, 69

아리랑위성 5호 / 74, 75, 97

아스가르디아 / 114, 115

아포피스 / 18, 19

아폴로 11호 / 62, 102, 105, 137

아폴로 17호 / 102, 105

암석형 행성 / 37, 38

암흑물질 / 27

에드먼드 핼리 / 34

에드윈 허블 / 26

MEV-1 / 92, 93

오르트 구름 / 14, 15

왜소행성 / 14

외계 문명 / 39, 40

외계 생명체(외계인) / 26, 36, 37, 39, 41~43, 138

외계행성 / 28, 31, 32

용암 동굴 / 110, 111

우리 은하 / 39, 40

우주 망원경 / 26, 29, 30

우주 장례 / 53, 54

우주 조약 / 112~114

우주군 / 127~129

우주 기지 / 55, 104, 108, 110, 111

우주발사장(우주센터) / 66, 72~74

우주배경복사 / 12, 13

우주법(우주 국제법) / 113, 114

우주비행 / 44~46, 51~53, 57, 62

우주비행사(우주인) / 28, 44, 46~48, 57, 58, 62, 78, 102, 104, 106, 107, 110, 137, 138

우주선(우주 탐사선) / 24, 25, 45, 46, 48, 50~53, 55, 57, 77, 78, 82, 84, 96, 104~106, 107, 109, 114, 118, 119, 121, 122, 129, 138, 139

우주쓰레기 / 41, 88, 91, 92, 95, 126, 127, 129, 134~136

우주여행(우주관광) / 50~52, 55

우주왕복선 / 28, 57, 58, 134

운석 / 16, 17, 67, 109, 111

원자력 발전기 / 83, 84

위성체 / 62, 63, 79

유기물 / 24, 37~39, 138

유럽우주국 / 106, 140

유리 가가린 / 44, 62

유카탄반도 / 16, 17

은하 / 13, 27, 28

익스플로러 1호 / 61, 62

인공 우주 물체 / 136

인공위성 / 19, 23, 41, 44, 54, 56, 60~70, 73~77, 79, 80, 82, 83, 87~97, 99, 100, 106, 115, 121, 124~132, 134~136

인저뉴어티 / 119, 120

인텔샛 901 / 92, 93

일렉트론 발사체 / 55, 56

ㅈ

자연위성 / 60

작은곰자리 / 31, 32

저궤도 / 52, 65, 76, 87~89, 91, 107, 132, 135

적도 / 65, 66, 73, 89, 109

전파망원경 / 12

정지궤도 / 65, 66, 87, 89~93, 131

제임스웹 우주 망원경 / 26, 28~30

주석 / 70, 71

지구 궤도 / 45, 50, 53, 56, 83, 135

지구 / 12, 13, 15~25, 27, 29, 30, 37~41, 45, 46, 48, 51~53, 57, 60, 64~70, 73, 74, 76, 77, 82~85, 88~91, 95, 96, 104~107, 109, 111, 116, 117, 119, 120, 130, 134~139

지구근접소행성 / 20

지상국 / 62, 63

ㅊ

찬드라얀 3호 / 105

창어 4호 / 105

챌린저호 / 57, 58

천왕성 / 13~15, 37, 60

ㅋ

카시니호 / 84

카이퍼 벨트 / 14, 15

컬럼비아호 / 58

케네디우주센터 / 26, 73

케레스 / 15

코스모스 954호 / 83

크루 드래건 / 52

ㅌ

타원궤도 / 14, 15

태양 / 13~154, 224, 294, 304, 334, 384, 39, 67, 69, 70, 77, 78, 84, 89, 90, 94, 106, 10, 111, 118, 120~122

태양 흑점 / 32, 33
태양계 / 13~15, 20, 24, 37, 39, 62, 95, 96
태양전지판 / 64, 68~70, 106, 121, 122
태양풍 / 88, 89, 118
토성 / 13, 14, 37, 60, 84
통신위성 / 18, 64~66, 92, 96, 125

ㅍ

팔콘9 / 53, 85, 95
펠리세트 / 45
포보스 1호 / 121
프랭크 드레이크 / 39, 40
플레어 분출 / 38, 39

ㅎ

한국천문연구원 / 32, 136
한라(8 UMi b)와 백두(8 UMi) / 31, 32
항법위성 / 64, 124, 125
항성 / 39
해왕성 / 13~15, 37, 60
핼리혜성 / 15, 34
행성보호책임자 / 138

허블 우주 망원경 / 26~29
혜성 / 14~17, 33, 34, 136
화성 기후 궤도선(MCO) / 122
화성 / 13~15, 37, 46~48, 52, 55, 60, 86, 104, 106~108, 112, 116~122, 138, 139

1판 1쇄 발행 2024년 10월 25일
1판 2쇄 발행 2025년 8월 15일

글쓴이 황도순 | 그린이 김잔디
펴낸이 박철준
편집 고은희 | 디자인 Edit&Bake 조가을
펴낸곳 찰리북 | 출판등록 2008년 7월 23일(제313-2008-115호)
주소 서울시 마포구 동교로18길 33, 201 (서교동, 그린홈)
전화 02)325-6743 | 팩스 02)324-6743
전자우편 charliebook@gmail.com
인스타그램 instagram.com/charliebook.insta
블로그 blog.naver.com/charliebook

© 황도순, 김잔디 2024
ISBN 979-11-6452-095-4 73400

* 잘못된 책은 구입하신 곳에서 바꾸어 드립니다.
* KC마크는 이 제품이 공통안전기준에 적합하였음을 의미합니다.